《土木工程再生利用案例教程》

编写（设计）组

组　　长：李　勤

副组长：李文龙　　周　帆

成　　员：

李慧民	邸　巍	崔　凯	刘怡君	鄂天畅
代宗育	闫永强	武仲豪	于光玉	尹志洲
田伟东	郁小茜	程　伟	刘钧宁	张梓瑜
刘效飞	王应生	丁　莎	田元福	史玉芳
孟　海	杨战军	李　薇	王顺礼	高明哲
郭成蹊	王靖馨	翟　涛	陈艺含	狄鸥彤
康　南	王　雪	安书萱	郭浩辰	李枫妍
李孟盈	何君泽	孙巳可	高维清	陈尼京
张家伟	都　晗	王梦钰		

土木工程再生利用技术丛书

土木工程再生利用案例教程

李 勤 李文龙 周 帆 编著

科学出版社

北 京

内 容 简 介

　　本书主要以案例的形式较全面地阐述了土木工程再生利用的基本理论与方法。全书共6章，其中，第1章梳理归纳土木工程再生利用的基本内涵、发展历程和主要内容等；第2~6章以案例的形式剖析土木工程再生利用的现状、价值及规划设计的探索，从不同角度结合工程实际对研究成果进行应用分析。

　　本书可作为高等院校建筑学、城乡规划、土木工程、工程管理等相关专业课程设计的教学参考书，也可作为土木工程再生利用相关领域从业人员的培训用书。

图书在版编目（CIP）数据

土木工程再生利用案例教程/李勤，李文龙，周帆编著. — 北京：科学出版社，2022.6

土木工程再生利用技术丛书
ISBN 978-7-03-072084-9

Ⅰ.①土⋯　Ⅱ.①李⋯　②李⋯　③周⋯　Ⅲ.①土木工程—废物综合利用—案例　Ⅳ.①X799.1

中国版本图书馆CIP数据核字（2022）第061250号

责任编辑：陈　琪　张丽花 / 责任校对：任苗苗
责任印制：张　伟 / 封面设计：迷底书装

科 学 出 版 社 出版
北京东黄城根北街 16 号
邮政编码：100717
http://www.sciencep.com

北京建宏印刷有限公司 印刷
科学出版社发行　各地新华书店经销

*

2022年6月第 一 版　　开本：787×1092　1/16
2022年6月第一次印刷　　印张：12 1/2
字数：297 000

定价：98.00元
（如有印装质量问题，我社负责调换）

前　言

　　本书以"土木工程再生利用"为对象，用案例的形式较全面地阐述了土木工程再生利用的基本理论与方法。全书共 6 章，其中，第 1 章梳理归纳土木工程再生利用的基本内涵、发展历程和主要内容等；第 2、3 章分别通过案例讲解民用建筑再生利用、工业建筑再生利用的形式；第 4~6 章分别通过案例讲解老旧街区保护传承、老工业区绿色重构和村镇社区更新改造的形式。各章分别从不同角度对土木工程再生利用的现状、价值及规划设计进行分析，并结合实际案例对研究成果进行应用分析。全书内容丰富，逻辑性强，由浅入深，便于操作，具有较强的实用性。书中通过二维码的形式链接部分彩图资源，读者可扫码观看。

　　本书的出版得到北京建筑大学校级研究生教育教学质量提升项目——优质课程建设（批准号：J2021012）、北京建筑大学教材建设项目（批准号：C2117）、北京市教育科学"十三五"规划课题"共生理念在历史街区保护规划设计课程中的实践研究"（批准号：CDDB19167）、中国建设教育协会课题"文脉传承在'老城街区保护规划课程'中的实践研究"（批准号：2019061）以及北京市属高校基本科研业务费项目"基于城市触媒理论的旧工业区绿色再生策略与评定研究"（批准号：X20055）的支持。

　　在本书编写过程中得到了北京建筑大学、西安建筑科技大学、中冶建筑研究总院有限公司、西安建筑科大工程技术有限公司、柞水金山水休闲养老有限责任公司、西安建筑科技大学华清学院、中天西北建设投资集团有限公司、昆明八七一文化投资有限公司、中国核工业中原建设有限公司、西安市住房保障和房屋管理局、西安华清科教产业（集团）有限公司等的大力支持与帮助，同时还参考了许多专家和学者的有关研究成果及文献资料，在此一并向他们表示衷心的感谢！

　　由于作者水平有限，书中难免存在不足之处，敬请广大读者批评指正。

作　者

2022 年 2 月

目　　录

第1章 土木工程再生利用设计基础

1.1 土木工程再生利用基本内涵

1. 基本概念

土木工程是建造各类工程设施的科学、技术和工程的总称。它涵盖范围较为广泛，既指应用的材料、设备和进行的勘测、设计、施工、保养、维修等技术活动，也指工程建设的对象。就工程建设的对象而言，土木工程的分类方式较多，常见的有按空间位置、项目类型和使用用途等分类。例如，按空间位置不同，可将土木工程分为地上或地下工程、陆上或水下工程等；按项目类型不同，又可将土木工程分为房屋、道路、铁路、管道、隧道、桥梁、运河、堤坝、港口、电站、飞机场、海洋平台以及防护工程等。

自人类社会诞生起，人们就进行不同种类的土木工程建造，这些建造成果作为人类社会文明的物质载体，是社会、文化、经济发展的产物，也是人类文明不可或缺的重要组成部分。然而，受外部环境和内部机制变化的影响，这些建造成果往往呈现出新陈代谢式的更替过程。随着人类社会的飞速发展，新旧行业的更迭愈加频繁，若仍采用"大肆推倒重建"式的发展模式势必会造成严重的物质资源浪费和人类文明印记的消失。

再生利用是在原有土木工程未完全拆除的情况下，部分或全部借助其原有的物质基础、建造图纸等技术资料进行开发的一种方式。从土木工程的实际情况来看，一方面，土木工程实体的耐久期限往往比功能使用期限时间要长；另一方面，土木工程实体空间有着较大的使用灵活性，与使用功能并非绝对的对应关系。上述两方面为土木工程再生利用提供了实践上的客观可行性。

土木工程再生利用是将废弃的或闲置的土木工程实体进行适当改造或功能置换，以一种满足新需求的新形式延续其原有机能的行为。土木工程再生利用能够满足资源节约型、环境友好型社会发展的要求，它既是一种历史文化保护的新观念，又是一种工程实体保护和利用的新手段。

2. 基本原则

1) 经济合理性原则

经济合理性是土木工程再生利用的重要考量因素之一，是项目能否真正落地的关键。一个好的再生利用项目不但可以降低建造成本，还可以带来较为可观的经济收益和社会效益。因此，在土木工程再生利用的过程中应充分考虑经济问题。不仅要计算项目前期和中期的建造成本，还应预测项目后期所带来的经济收益和社会效益。通过将再生利用项目经济性同其他方案（如保持现状或完全推倒新建等）的经济性相比较，判断项目是否具有经济合理性。

2) 技术可行性原则

对于土木工程再生利用来说，因为可选择的建造技术受既有土木工程实体的影响而受到限制，所以可创作的自由度减少，再生利用本身所需要的技术也需要更加先进、更加合理。土木工程再生利用的技术主要包括保存技术和改建技术两部分，保存技术主要指针对既有土木工程的保护、加固、防腐、修补等技术，改建技术主要指既有土木工程的外接、增层、内嵌、下挖等技术。在项目开展前需充分论证技术的可行性和合理性，避免项目开展过程中需增加大量工期和资金投入。

3) 历史真实性原则

土木工程再生利用不仅是一项经济活动，更是一项社会活动。它不仅含有一定的经济价值，同时，还承载着丰富的历史文化价值。因此，土木工程再生利用过程中应保持历史的真实性。保持历史真实性并不是说完全以"福尔马林"式的保护，即对土木工程不能进行变动，而是要求在变动的同时能够清晰地显现出时间的痕迹，改动部分与原有部分应尽量显现出各自的时代特点。

4) 可持续发展原则

土木工程再生利用是符合可持续发展观念的建造活动，

它所强调的是项目物质基础的持续利用。正如吴良镛先生所讲的"任何改建都不是最后的完成（也没有最后的完成），而是处于持续的更新之中"，因此，再生利用时应该保持项目的可持续性，使其在较长的时间内能够被反复利用。例如，尽量避免破坏原有结构的独立性和稳定性，减少使用"不可逆"的手法对土木工程进行改造，采取重细部而轻整体等做法。

3. 再生意义

随着科学技术的快速发展，土木工程的建造水平和技术进入到了一个崭新阶段，土木工程的物质寿命有逐渐延长的趋势。然而，社会经济的不断进步以及产业结构调整、环境污染治理等变化，使得大量土木工程处于废弃、闲置的状态。这些土木工程大多仍具有使用价值，经结构安全检测与鉴定后，对其进行再生利用既有利于建筑行业的低碳节能、减少建筑垃圾的产生，又有利于城市发展肌理的留存、使城市记忆具有历史厚重感。同时，在如今城市特质消失、城市发展景观趋同严重的局势下，对这些土木工程进行合理的再生利用，可以为场所特征的塑造和城市区域景观特色提供契机，丰富城市建筑景观，提高区域和城市的辨识度。总的来说，研究和发展土木工程再生利用具有重大的现实意义。

1) 土木工程再生利用的经济意义

对于一个工程项目而言，其经济效益在很大程度上决定了项目的可行性，对于再生利用项目也是一样。再生利用项目具有工期短、投资少、收益高三大优势。在土地开发资源紧缺、物价波动剧烈、能源短缺的当下，土木工程再生利用项目从材料、设备等能源消耗角度来看，比拆除重建的项目要低，且大大节省了土木工程实体拆除、场地平整、建设周期及人力成本、物资投入等方面的费用。土木工程再生利用项目是基于既有土木工程的二次开发，建设周期短，投资资本回收也比较快。因此，土木工程再生利用项目不仅可以节约建造成本，还可提早带来收益。

2）土木工程再生利用的社会意义

土木工程再生利用可以激活萧条、败落的城市空间，促进城市和资源的可持续发展，从而有利于城市和社会积极有序的发展。作为城市更新的微观层次，土木工程再生利用是一种以点带面的更新手段。通过对质量较好、经济活力较大的土木工程进行再生利用，在老城区内形成分散的经济兴奋点，由此慢慢辐射，逐步带动周围地区的经济发展，最终激活整个经济衰落地区。这是一种渐进的更新方式，符合城市历史的发展规律。

3）土木工程再生利用的历史文化意义

土木工程再生利用不仅有其使用功能意义，其历史文化意义也是不容忽视的。正如约翰·罗金斯所说，一个建筑的最大荣耀不在于它的石材，不在于它的金饰。建筑的荣耀出自于它的岁月，出自世世代代过眼云烟之后在它铅华尽洗的墙上所散发出来的回响、凝视、神秘的共鸣，不论过去的是与非。作为历史文化载体之一的土木工程，其命运经历了大规模拆除、"福尔马林"式冻结保护、再生利用等多个阶段。实践证明土木工程再生利用对于历史延续性和文化多元化的发展具有积极的作用。

4）土木工程再生利用的生态保护意义

20 世纪以前，人们仅仅将石油、煤炭、木材等原材料看作是物质能源，而将工业、农业产品看作是消费品。随着能源危机的爆发，人们已经看到肆意浪费能源不仅是对环境的破坏，也是对人类自身的毁灭。土木工程作为一项重大的经济活动，其建造、使用、维护甚至消亡过程中耗费了巨大的人力与物力资源。土木工程作为潜在的资源和能源，盲目加以拆除是对资源与能源的浪费。因此，土木工程再生利用不仅是历史与文化价值的保留，更是对地球自然资源的利用及对环境破坏行为的减少，是一种积极的可持续发展的行为。

1.2　土木工程再生利用发展历程

土木工程再生利用最早起源于西方国家，它是一个历史发展的过程而并非突然产生的事物。通过研究西方近代建筑的发展史不难发现，土木工程再生利用经历了从"消极保护"到"积极再生利用"的过程，从发展时间历程上可将其大致分为 3 个阶段，其发展历程阶段划分时间轴如图 1-1 所示。

图 1-1　发展历程阶段划分时间轴

1. 诞生与启蒙

二战后的欧洲各国都面临着大规模城市重建的工作，如何处置历史遗留的旧建筑是各国需要解决的紧迫问题。在此背景下，国际文物工作者理事会、保护和修复文物国际研究中心等相关国际组织先后成立。1964年，国际文物工作者理事会在威尼斯召开会议，讨论并通过了《威尼斯宪章》，从此标志着西方国家拉开了近代历史建筑保护的序幕。《威尼斯宪章》中的一些基本原则已经成为世界公认的文物建筑和历史地段保护的权威性文件。然而，立足于当代来回顾《威尼斯宪章》的内容，不难发现其侧重的只是如何保存历史和具有重大历史价值的建筑，并没从发展利用的角度对待普遍存在的旧建筑。

在诞生与启蒙阶段，人们对于旧建筑保护的目的是单一的，只是想保存建筑的历史以便在日后大规模的城市更新中更多的留存集体记忆和场所精神。也正是出于这样的保护目的，大量建筑被"福尔马林"式的冻结保护，只有对少量的建筑进行再生利用探索。维罗纳老城堡博物馆就是非常著名的一个旧建筑再生利用项目，设计师通过丰富的几何形状和现代材料与古代艺术品的对比，对入口、台阶、窗户、展品位置等细节进行设计，并大量运用借景的手法，让参观者能够充分感受到新与旧、传统与现代的交融，如图1-2所示。

2. 发展与转型

自20世纪70年代以来，人们对于旧建筑的再生利用陷入

图1-2　维罗纳老城堡博物馆

了原样修复和大肆拆毁两个极端。大部分历史建筑精品以文物保护的形势被保存下来，完全按照原有的建筑样式进行修复、还原，完全不对其进行风格改变只是单纯的被保存起来。这样保护的建筑就像装进了博物馆，成为完全静止的没有生命的建筑躯壳。然而对于历史价值较低的建筑，没有得到重视及保护，只能大肆推倒、损毁。

随着社会发展和认知的改变，逐渐发现当时对于建筑物的保护只是采用单一的手段，想要留存住集体记忆和场所精神，还应对旧建筑的历史环境进行保护，于是，人们开始在这两个极端中谋求旧建筑得以"存活"的方法。20世纪50年代以物质空间为导向、以大规模拆旧建新为表征的城市更新模式随实践弊端的显现逐渐被抛弃，城市更新理念发生着巨大转变；1975年，建筑遗产保护在"欧洲文化遗产年"开展后迅速成为主流意识，在这一时期，也制定了相当多的有关旧建筑保护和利用的国际性文件，如《内罗毕建议》(1976年)、《马丘比丘宪章》(1977年)、《巴拉宪章》(1979年)、《华盛顿宪章》(1987年)

等。这些文件在《威尼斯宪章》的基础上，扩展了旧建筑保护的范围和保护利用的手段，引入了对原有建筑进行适度改造的保护观念。近年来各国的实践证明，保护与再生利用既可以产生矛盾，也可以相互促进。

在这个时期，再生利用已经不仅仅局限于单体建筑的保护，而是扩大到历史地段和城市社区的层次，并且与城市建设和复兴紧密联系，"以利用促进保护"是这时期最突出的主题。波士顿昆西市场、伦敦女修道院花园市场的再生利用是这种燎原之势的揭幕者，如图1-3、图1-4所示。

图 1-3　波士顿昆西市场　　　　图 1-4　伦敦女修道院花园市场

3. 普及与成熟

自 20 世纪 80 年代后期至今，在城市建设过程中人们普遍开始有了对旧建筑进行再生利用的意识，再生手法有了进一步的发展，再生理念逐步普及与成熟。

这一阶段，对旧建筑再生利用成为建筑保护和城市复兴的主要手法。超大型工业建筑遗产再生利用促进城市复兴在

90 年代得到了突出的体现，例如，德国的耶拿蔡司光学工厂变成了多样化的新城市中心；诺宜斯尔的梅涅巧克力厂变成了雀巢公司法国总部（图1-5）；柏林的奥斯拉姆灯泡厂变成了约 170000m² 的城中城等。此时期再生利用的设计手法也在大规模普及与多样化实践中迅速走向成熟，德国国会大厦（图1-6）、英国泰特美术馆等更标志着现代主义在当代走向了再生利用的艺术顶峰。

图 1-5　雀巢公司法国总部　　　　图 1-6　德国国会大厦

1.3　土木工程再生利用主要内容

1. 再生手法

1) 功能置换

土木工程空间及其功能并非严格一成不变，空间与设计之间存在多样映射的特点使土木工程再生利用设计有更多的选择性和灵活性。土木工程再生利用功能置换可分为局部功能置换

和整体功能置换两种。只要抓住土木工程的空间特征，移植与其空间相适应的新功能就能较好地实现功能置换。

2）空间更新

空间更新主要分为 3 种方式：内部修缮、设备更新和整体更新。内部修缮是在保持土木工程内部原有功能和空间形态的基础上，对其墙体、屋顶、地板和装饰物进行更新或修复，这种方式是通过改善物质结构状态来延长其使用寿命。设备更新是对原有设备进行修缮或增加新的设备，如电梯、空调、暖风、通信设施等，使空间和使用功能发生一定的变化。整体更新是以改变整体的功能为主，这种改变一般比较剧烈，对应的空间结构、材料、风格等会发生较大的变化。

3）立面更新

立面更新主要分为 2 种方式：原样更新和包装更新。原样更新常用于建造时间久、历史价值高的地标性工程，这种修复最重要的条件是掌握原有基础资料，包括构造、细部大样图纸以及结构施工图纸等。包装更新常用于城市中大量存在的、不具备很强历史价值和建筑美学价值的工程，其主要特点是历史和美学上没有明显的价值、外部形态没有明显的标志性，但是其结构坚固、状况良好、基础设施齐全、有很强的通用性和实用性。这类土木工程再生利用的自由度更大，不仅能符合新的功能要求，又具有自身独特的辨识特点。

4）环境更新

土木工程再生利用是一项综合的系统工程，其内容不仅包括内部空间和外部立面的更新，还应包括土木工程外部环境的重组与优化。因此，进行土木工程再生利用时，应重视其外部环境的更新与改善，建立以人为本、促进人与人交往的外部开放空间。外部环境的更新主要包括交通组织、室外公共设施和室外景观等方面。

2. 项目分类

基于土木工程再生利用的视角，按照项目的聚集状态，可分为单体类和区域类，如图 1-7 所示。

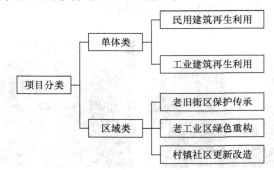

图 1-7　土木工程再生利用项目分类

3. 工作流程

土木工程再生利用项目设计不同于新建项目，通过对新建项目设计流程的分析和归纳，整理出土木工程再生利用设计流程，如图 1-8 所示。

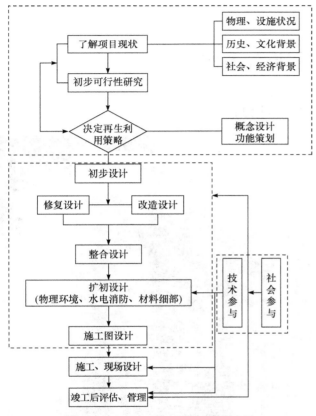

图 1-8 土木工程再生利用设计流程

第 2 章　民用建筑再生利用设计案例

2.1　人文校园——西北大学宿舍楼项目

方案一效果图

方案二效果图

本次设计将原宿舍楼改造为酒店式培训公寓，在满足基本的要求之外，合理根据场地对宾馆门厅进行处理，设计2个方案，供甲方选择。内部根据不同的需要设置。改造后使用功能为培训，计划按标准间和普通间2种设计建设，将原学生公寓6号楼1~2层共66间房改造成普通2~4人间，内带淋浴间，重新装饰装修；将3~5层共80间房改造成标准间，按普通商务酒店标准装饰装修。设计将建筑景观和人文景观有机融合，打造集人文、舒适、实用为一体的、独具特色的培训公寓。

9

公寓楼改造前照片

1. 设计理念

　　本次设计将校园内得天独厚的文化气息引入建筑改造设计中，把建筑景观和人文景观有机融合，在现有条件下以节约材料、利用现有资源、保护环境为出发点，以舒适、简洁、大方为目标，以甲方需求为导向做好改造设计工作，使原有建筑空间焕然一新。

2. 项目特点

　　(1) 与房间新增功能相配套的建筑设计。
　　(2) 改造后室内的装饰设计。
　　(3) 增加室外电梯。
　　(4) 与改造设计相配套的加固设计。
　　(5) 设计要达到准三星级以上宾馆标准。

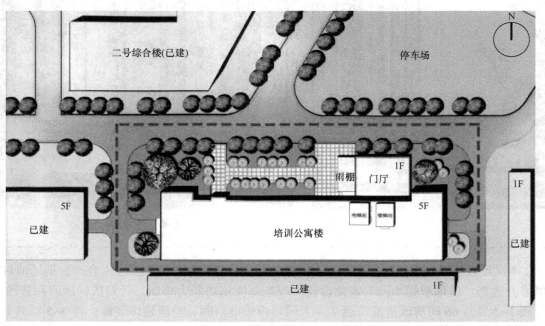

总平面图

3. 功能平面布置

(1) 办公会议功能布局在首层，方便参会办公人员进出，且不打扰安静的内部空间环境。

(2) 不同人数房间布置在不同层，方便管理安排。

(3) 套间布局在西侧，且临近楼梯位置。

(4) 楼梯按原有位置进行修缮装修，有更好的安全功能和疏散功能。

11

方案一主入口效果图

内部效果图

方案二主入口效果图

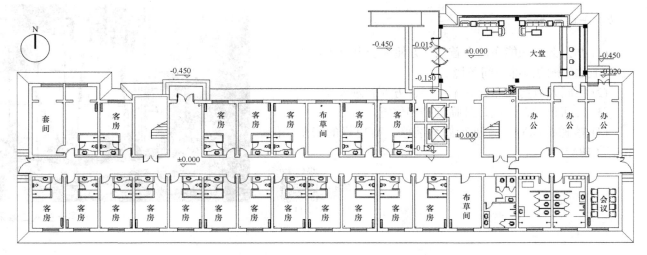

1 层平面图

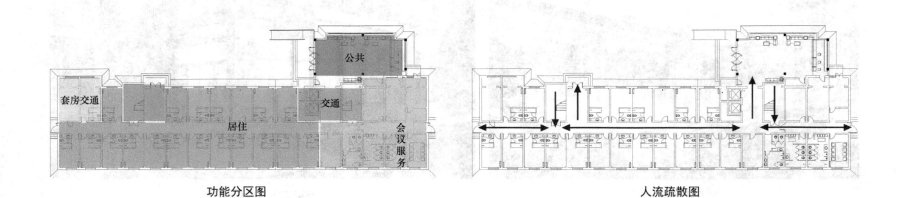

功能分区图

人流疏散图

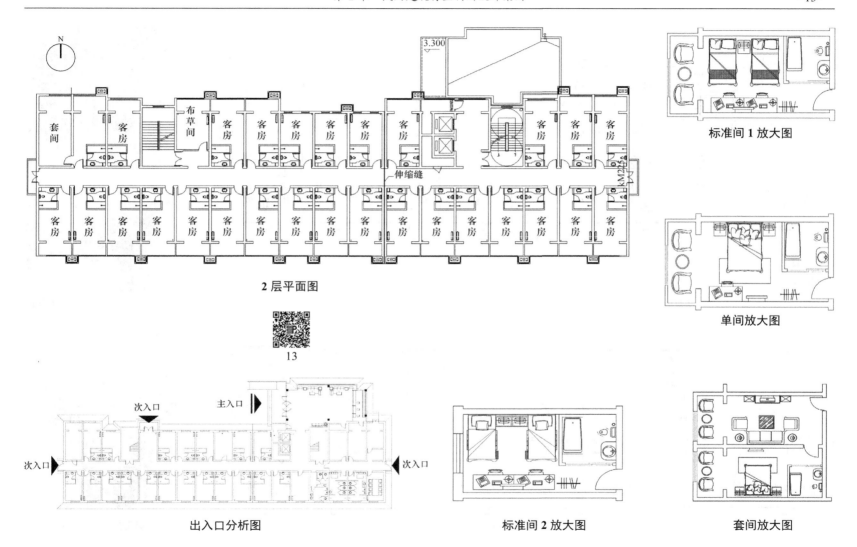

2 层平面图

13

出入口分析图

标准间 1 放大图

单间放大图

标准间 2 放大图

套间放大图

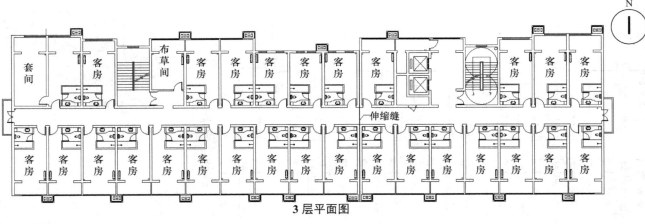

3 层平面图

4 层平面图

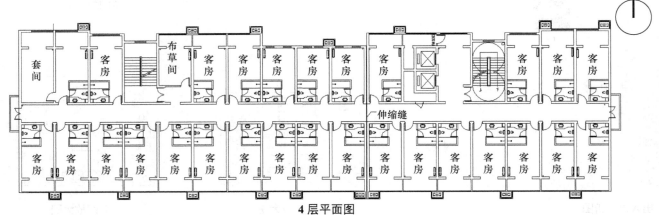

内部效果图（一）

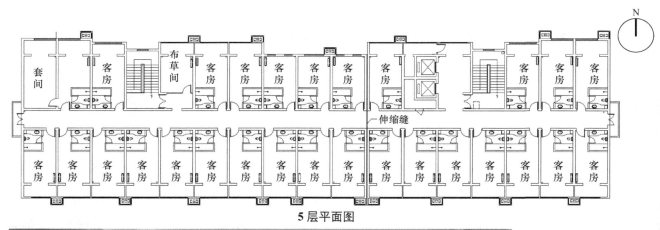

5层平面图

15

内部效果图（二）

内部效果图（三）

2.2　咖啡沙龙——871 小空间办公楼项目

　　既有工业建筑原是旧工业区中一处废弃的办公楼，自厂房停产搬迁整改后，办公楼便不再有往日人群忙动的景象，为了恢复旧工业建筑历史空间中的活力，同时，给建筑所在区域增加相关配套功能设施，故将此建筑改造成咖啡厅。

　　建筑保留办公楼原有的大空间特征，将其置入新的功能，让使用者在休闲饮用的同时还能体验到不同的空间感受。咖啡厅保留了原建筑的红砖墙面以及裸露的梁柱结构，并将其打磨装饰，重新以新的风貌展示给使用者。将建筑原有风貌保留并再生利用是最大限度节约能源的体现。

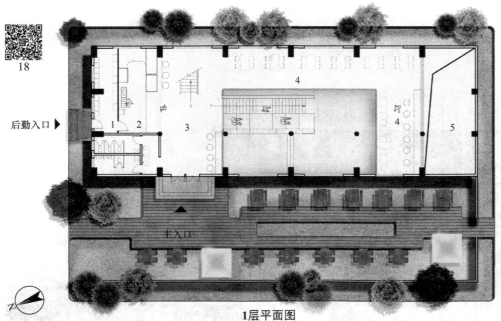

1层平面图

1-库房；2-点餐处；3-门厅；4-座椅区；5-室外庭院上空

室内意向图

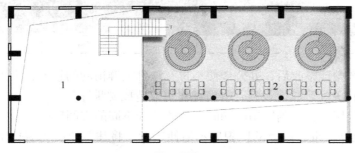

2层平面图

1-室内上空；2-散座

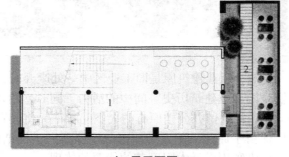

负1层平面图

1-室内散座；2-下沉庭院

鸟瞰图

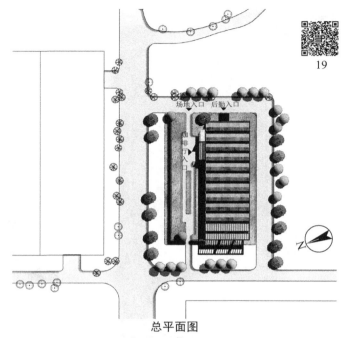

总平面图

室内设计意向图

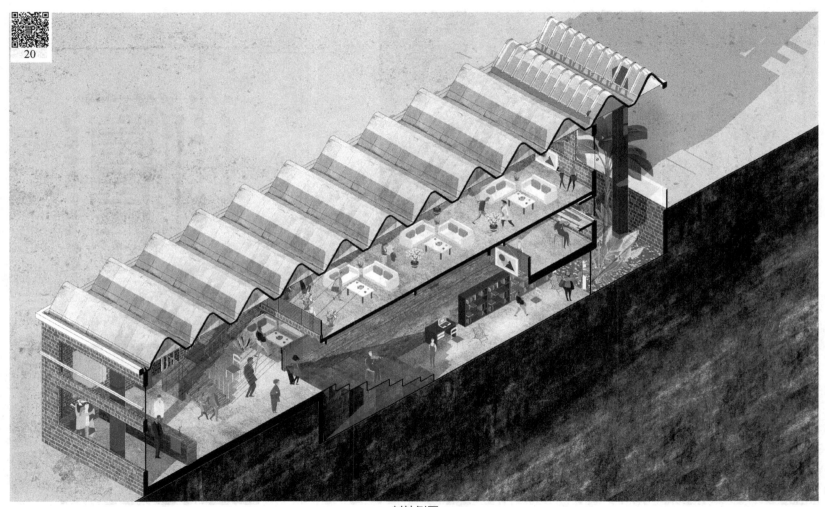

剖轴侧图

室内意向图

西立面图

室内效果图

2.3　智能办公空间——华清学院小办公楼项目

　　办公空间的设计一直将生产力和效率放在考虑的首位，空间的排布组织、功能房间的安排都将影响一个公司的运转效率，进而影响公司效益。本设计以智能化办公空间为主题，将华清学院旧办公楼进行再生利用，主要由内部改造和外立面改造组成。

　　首先是内部的改造，主要将不同办公区分散在不同楼层之间，同时，每个楼层都布置一些"弹性空间"供灵活办公使用。其次是外立面的改造，原有立面装修的时代风格已经与现代风格不符，而且陕西钢铁厂改造和华清学院当前风貌不符，因此，将立面用代表性的的锈红色作为竖向装饰，玻璃幕墙改造成更加通透的无缝样式。

1. 场地分析

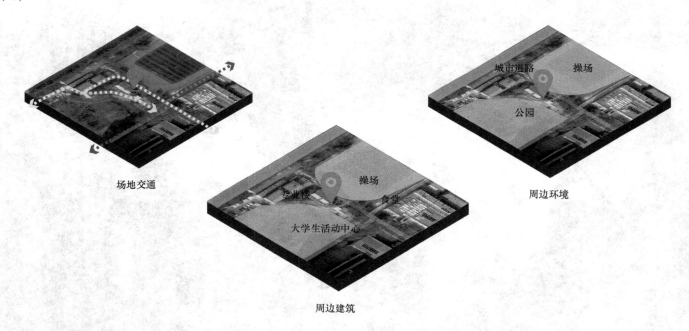

场地交通

周边建筑

周边环境

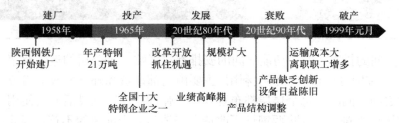

建厂	投产	发展	衰败	破产
1958年	1965年	20世纪80年代	20世纪90年代	1999年元月

陕西钢铁厂
开始建厂

年产特钢
21万吨

改革开放
抓住机遇

规模扩大

运输成本大
离职职工增多

全国十大
特钢企业之一

业绩高峰期

产品缺乏创新
设备日益陈旧

产品结构调整

　　场地所属的西安建筑科技大学华清学院旧址为陕西钢铁厂，陕西钢铁厂在经历破产后原厂被收购改建成一所集科教、住宅、产业为一体的综合园区。

　　旧建筑的改造需要与周边要素相协调、相呼应，依附于工业建筑遗存文化的核心要素，在建筑设计时，应该对其有所回应。

2. 改造方案展示

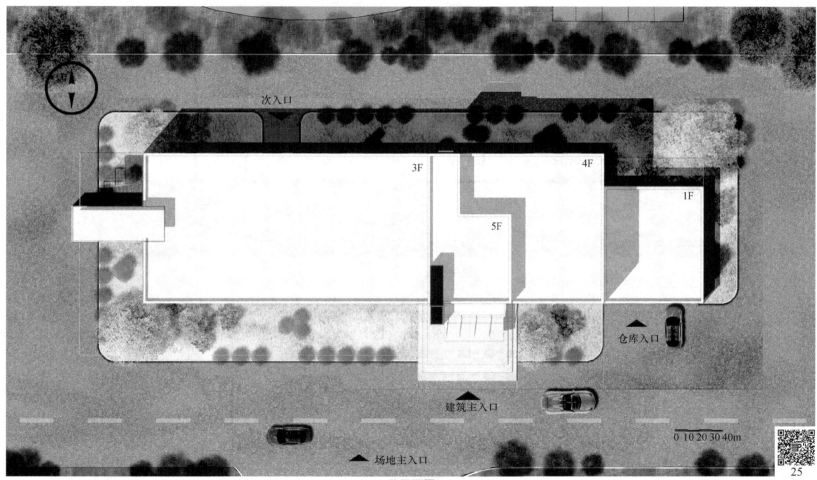

次入口

3F

4F

1F

5F

仓库入口

建筑主入口

0 10 20 30 40m

场地主入口

总平面图

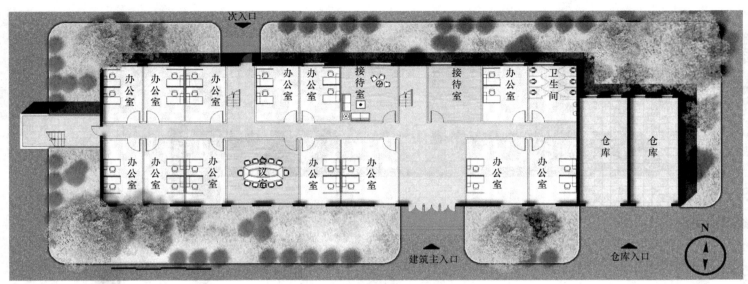

1层平面图

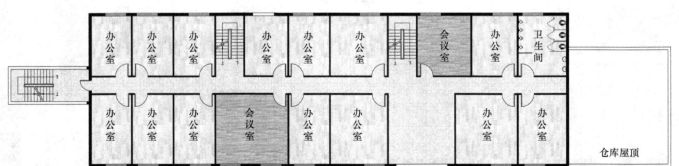

2层平面图

1~3 层平面一直以办公空间为主。为创造更加弹性化的办公空间，在每个楼层布置了许多可变的会议室，在空间紧张时，可将其打开作为共享空间，真正做到智能办公。

场景效果图

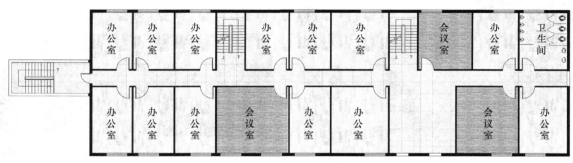

3层平面图

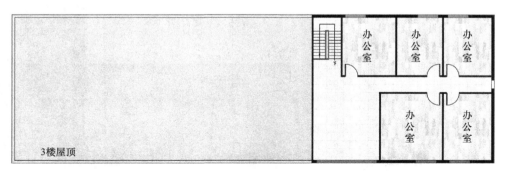

4层平面图

入口雨棚改造前后对比图

立面幕墙改造前后对比图

竖向构件改造前后对比图

28

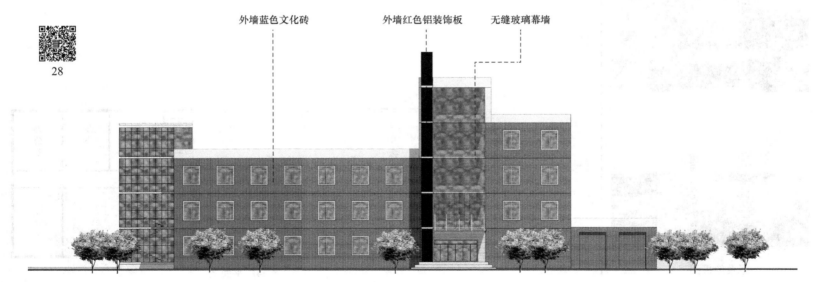

外墙蓝色文化砖　　　　外墙红色铝装饰板　　　无缝玻璃幕墙

立面材质示意图

3.设计分析

在结构的垂直布局中，每层墙柱对位、房间规整，保证了结构的稳定性，1~3 层为普通办公室，各层均匀分布小型会议室，4 层布置大型会议室。

建筑门厅处的垂直分区为共享空间，为每层主要使用房间增添了休闲娱乐的场所。同时，借用玻璃幕墙来增加每层的采光量。

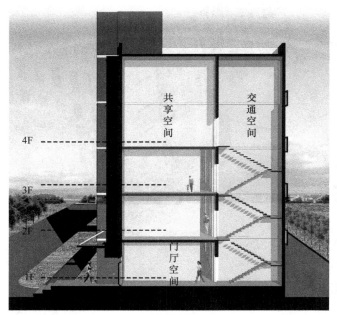

1-1剖透视图

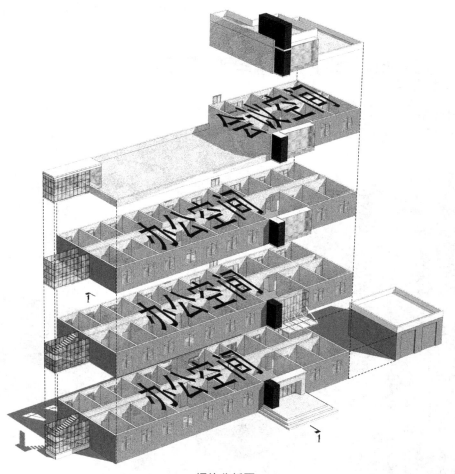

爆炸分析图

2.4   工业风餐饮小站——华清学院食堂项目

　　华清学院学生餐厅是由原陕西钢铁厂煤气发生站的一栋 3 层厂房和一栋单层厂房再生利用而成。两单体建筑间的两端采用回廊闭合连接，闭合而成的中庭部位通高。屋顶用球型网架支撑钢化玻璃采光，形成采光屋顶。建筑立面通过虚实结合的手法将玻璃与石墙按照相应的韵律改造，不仅增加了里面的通透性，而且强调了建筑的风格与形式。

　　1、2 号楼间除按防火要求设置疏散楼梯外，还在宽敞的中庭设自动扶梯解决人流交通。建筑主入口立面采用内倾明框玻璃幕墙增大采光量。整个建筑现代、时尚，室内就餐环境宽敞、明亮，通行流线简洁、流畅。

1. 项目规划

在陕西钢铁厂原有功能区划分的基础上，学区分为教学区、体育区、综合服务区和住宿区，结合教育所需的基本功能，根据原有建筑的特点和学校学生的需求，规划将建筑面积较大的第一、二轧厂作为教学区域，原煤场改造为运动区域。

原有的具有独特外型的天然气发电站区域规划为综合服务区域；对于拥有更多简易建筑的东部储藏区和既有的铁路专线，将其再生利用为特殊的住宿区；位于操场东侧的原煤气发生站改造为学校新食堂。

(1) 屋顶。

玻璃屋顶以及网架支撑钢化玻璃，通过中庭的植入增加采光量。

(2) 结构。

保留原有框架结构，同时，维护原有梁架，增强结构刚性。

(3) 立面。

立面通过玻璃与隔板的韵律增强立面通透性与视线交流性。

结构现状图

2. 建筑现状

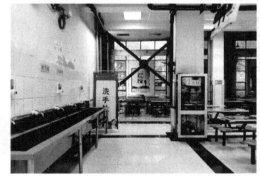

建筑现状图

原煤气发生站具有保留价值和改造再生利用的潜力。但由于长期用于工业生产以及维护不当，因此，存在一定程度的破损情况。

主要表现为：地面破坏严重，无地坪材料、防水材料铺设；墙面污染严重，外墙出现一定程度的残破损坏；门窗残破、锈蚀情况严重；屋面防水材料老化，导致渗漏；厂房内部屋面部分坍塌、残破不全。再生利用过程中保持了建筑物的原始高度，加固了外漏屋顶，增加隔热，并更新了立面玻璃。不仅节省了翻新成本，还增加了室内采光。

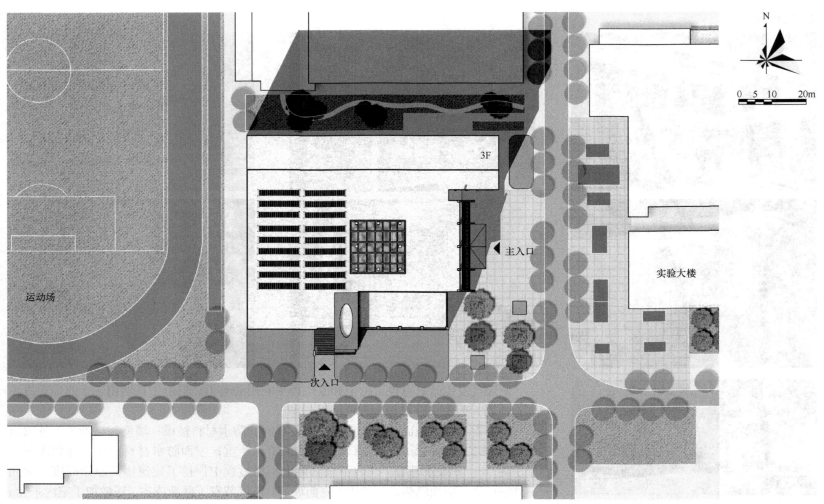

总平面图

1 层是回字形的布局，将原有单层厂房与双层厂房搭接，在西侧与北侧形成 L 形的后厨操作间，在南侧形成通高空间的学生就餐区，中心围绕采光天井，消防逃生楼梯布置在相应的主次入口附近。

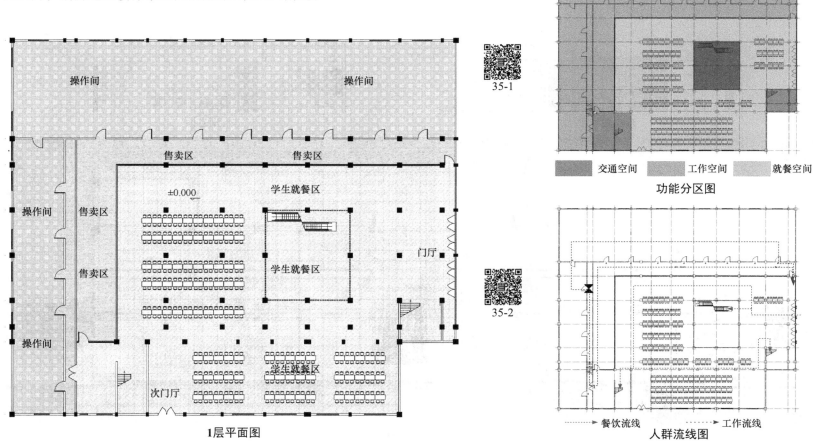

35-1

功能分区图

■ 交通空间　　■ 工作空间　　就餐空间

35-2

人群流线图

·······> 餐饮流线　　——> 工作流线

1层平面图

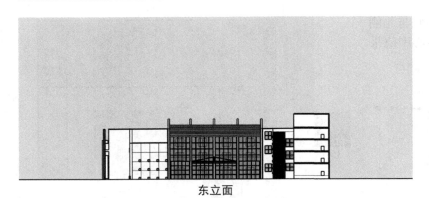

东立面

南立面

剖透视图

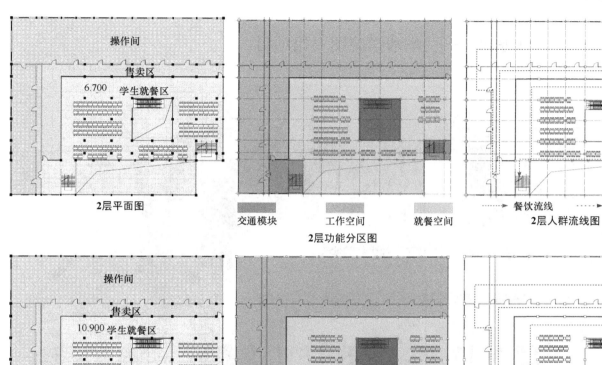

2层平面图

交通模块　　工作空间　　就餐空间

2层功能分区图

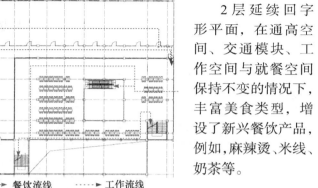

-----→ **餐饮流线**　-----▸ **工作流线**

2层人群流线图

2层延续回字形平面，在通高空间、交通模块、工作空间与就餐空间保持不变的情况下，丰富美食类型，增设了新兴餐饮产品，例如，麻辣烫、米线、奶茶等。

3层平面图

交通模块　　工作空间　　就餐空间

3层功能分区图

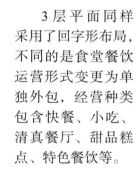

-----→ **餐饮流线**　-----▸ **工作流线**

3层人群流线图

3层平面同样采用了回字形布局，不同的是食堂餐饮运营形式变更为单独外包，经营种类包含快餐、小吃、清真餐厅、甜品糕点、特色餐饮等。

2.5　书香四溢——华清学院图书馆项目

　　华清学院改造是一项整体性的改造工程，华清学院前身为原陕西钢铁厂的厂区，在改造初期进行了大量的拆除和整理工作，并且对周边的环境进行了严格的整治和规划，使得旧工业建筑完成了向文教类建筑的转换。

　　其中，华清学院图书馆最主要的特征为内部空间适应性强，可满足不同使用功能对空间尺度的需求。基于工业建筑灵活性强、厂房内部空间较大的特点，将图书馆内部改造为大空间与小空间嵌套的形式，入口的大空间和大楼梯可引导人们的视觉和行为流线，小空间满足辅助功能需求，开敞空间是人们休息的空间，高大的厂房上部空间带来了优越的自然光线，形成集中型的空间序列。

1. 改造背景

西安摩托城
2002~2022年

华清学院
2002年开始改建

老钢厂产业园
2002年维持生产
轧钢车间
2013年转型
文化创意产业园

房地产开发
华清学府城
2008年1、2期
2012年3~5期

陕西钢铁厂改造主要分为 3 种模式：生产模式、校园模式、房地产模式。生产模式是在原有的工厂生产基础上，嫁接西安建筑科技大学的研究技术，重新进行工业生产；校园模式是将旧工业建筑进行大胆保留，结合文教建筑的功能需求进行改造；房地产模式是将优越的地理环境和校园环境相互融合开发出的特色房地产项目，并利用西安建筑科技大学的设计优势，成为西安高性价比房地产项目。

华清学院主要是对原有陕西钢厂的建筑进行改造，以工业遗产的再生利用为理念，充分尊重原有厂房的建筑风貌，使得本来已经废弃的旧工业厂房得到了重生。

1) 总体定位

工业记忆　　　园林景观　　　校园文化　　　建筑空间

2) 设计策略

结构保留　　　建筑绿化　　　广场活动　　　通高空间

3) 材质表达

混凝土　　　玻璃天窗　　　外挂石材　　　白色涂料

4) 校园活力节点分析

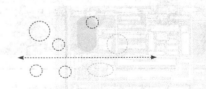

校园活力节点
校园活力轴线
外部消极轴线

旧工业建筑改造与周围的城市环境是分不开的，无论是所处的校园环境还是城市环境，都无法割裂环境来谈，它将一个消极的空间改造成为一个积极的空间。通过梳理改造过程，对校园环境内点、线、面等要素的推敲设计，重新构成校园环境的新格局。

图书馆外部小透视

图书馆入口小透视

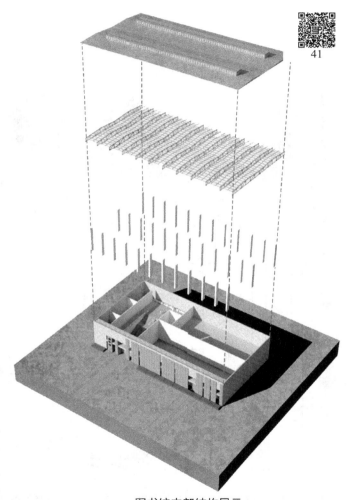

图书馆内部结构展示

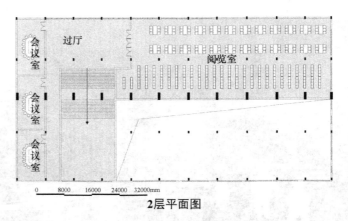

2层平面图

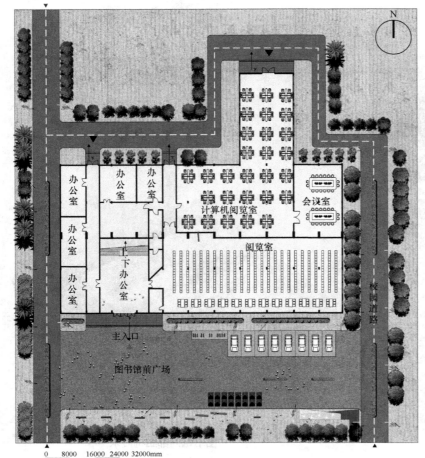

1层平面图

2. 设计意向

图书馆在整个学校建筑中作为使用功能最为灵活的建筑，其内部空间的功能空间划分极为重要。工业厂房的内部大空间特征以及屋顶的桁架结构和优越的采光为图书馆的改造提供了良好的基础，使得图书馆在改造过程中可以灵活设计。

图书馆作为高校的重要公共建筑，为了缓解其人流在短时间的密集，将入口设计成大空间，加之大楼梯辅助使用，不仅起到了良好的人流引导性，而且大空间与厂房屋顶的特色桁架结构组合，带来丰富的空间体验及良好的视觉感受。

在图书馆内部空间组合方面，将图书馆内部的使用空间，如阅览室、自习室、书库等较大的平面空间，与部分办公空间组合使用，形成大空间附带小空间的平面形式，增强空间丰富性。图书馆的阅览室部分做成通高的使用空间，结合厂房内部的结构特征，提升阅览室的空间趣味性。

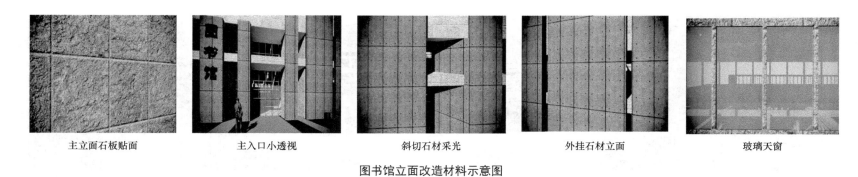

| 主立面石板贴面 | 主入口小透视 | 斜切石材采光 | 外挂石材立面 | 玻璃天窗 |

图书馆立面改造材料示意图

43

图书馆主立面

图书馆内部空间

图书馆内部阅览室

2.6　乡村振兴——西乡农村合作银行项目

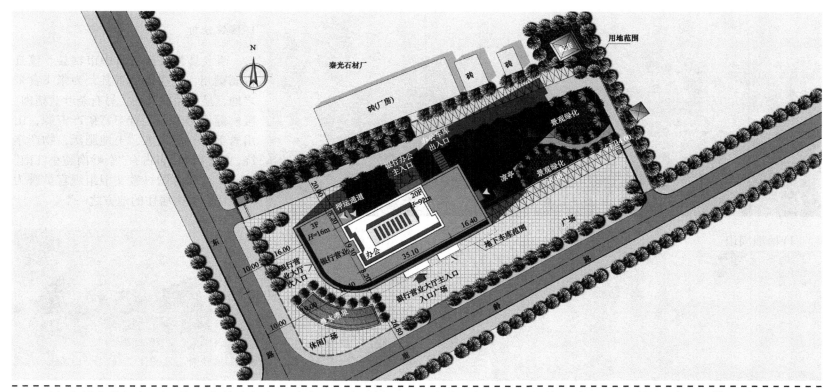

　　西乡农村合作银行项目位于鹿龄路与东一路交汇的东北处，原为秦光石材厂，现在其基础上进行更新重建，整体区域交通条件便利。建成后将主要用于农村合作银行信用卡中心对外营业及后台事务的办公，满足农村合作银行信用卡中心的长远发展需求。西乡农村合作银行大厦项目处于西乡县的"黄金地段"，具备便捷的交通条件，完全可以通过具有特色的建筑设计，展示独特的建筑形象，成为西乡县的一大亮点。

　　西乡农村合作银行位于陕西省汉中市西乡县中心位置，西侧老城与东侧新城的交界处，是县域的金融商务中心和行政文化中心，所处位置承担着两个区域共同发展的纽带作用，也是西乡县的经济文化的载体，承担着西乡县标志性建筑的重任，区位优势未来发展潜力巨大。

西乡县概览图

1. 区位分析

西乡县为陕西省汉中市辖县。该县古属梁州，东汉设城置县，为张飞食采之地，是商品粮大县。另有茶叶、猪肉、樱桃等优势产业。有丰富矿产资源，山川秀美，气候宜人，土地肥沃，物产丰饶，文化昌明，自古有"秦岭南麓小江南"美誉，被联合国科教文卫组织官员誉为"最适合人类居住的地方之一"。

1) 场地周边

2) 场地规划

规划用地范围边界规整，整体呈长方形，东西约150m，南北约70m，整体方位北偏西28°，规划总建筑用地10747m²，拟建银行营业大厅及办公楼等。基地内部地势平坦，依据规划要求，10747m²的建设用地为二类居住用地，可规划居住、办公、商业等功能。

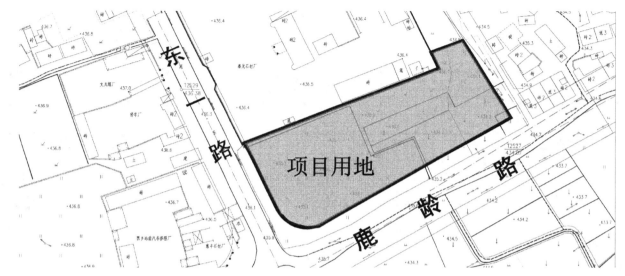

3) 方案规划

项目包括地上和地下两部分，地上为银行办公大堂、银行营业大厅等，地下为停车场。总建筑面积约1.98×10⁴m²，其中地上面积约1.71×10⁴m²，地下车库面积约2.7×10³m²，容积率为1.60。西乡农村合作银行主要用于农村合作银行信用卡中心对外营业及后台事务的办公，满足农村合作银行信用卡中心的长远发展需求，同时达到必要的投资回报。它设置了适合于服务中心规模的自用办公区、信用卡营业区、公司培训会议中心、展示大厅、技术支持区、配套服务区、停车场和必要的设备用房。

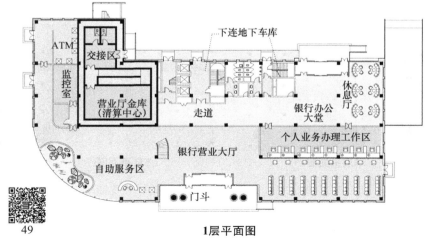

1层平面图

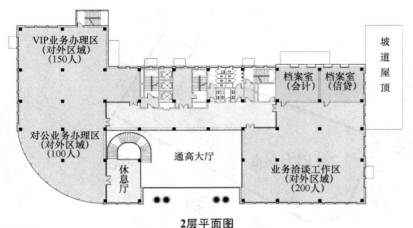

2层平面图

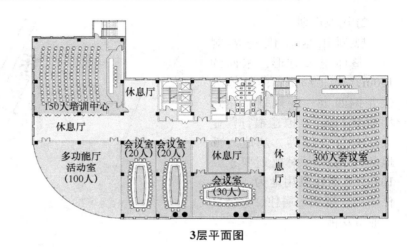

3层平面图

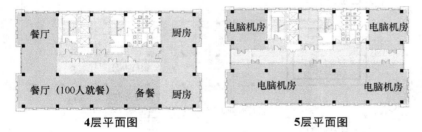

4层平面图

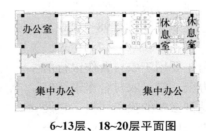

5层平面图

6~13层、18~20层平面图

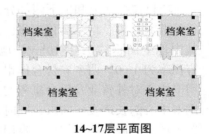

14~17层平面图

2. 规划设计原则

1) 以人为本的原则

随着使用者经济水平的提高和工作生活方式的转变，应不断研究其需求特征的变化，满足使用者在生理上和心理上的各种需求，努力创造富有地方特色的城市景观风貌和高质量的工作居住环境。

2) 可持续发展的原则

建立人与自然有机和谐的统一体，充分利用资源、节约资源，实现社会经济与自然生态在更高水平上的协调发展。既考虑近期建设，又兼顾长远发展，以适应远期工作发展需要。

3) 生态环境保护的原则

在满足日照、采光和通风的基础上，着重进行景观系统规划，最大程度地让使用者接近自然、享受自然，保证使用者的身心健康。并根据当地的自然生态环境，运用生态学、建筑技术科学的基本原理，采用现代化科学技术手段，把生态、环保、节能思想贯穿到建筑与环境之中。

4) 科技进步的原则

采用新技术、新产品、新工艺、新材料，全方位地依靠科技进步来推进规划、设计、施工水平的提高。

5) 整体规划的原则

充分挖掘地方特色，综合考虑场地内部物质因素，特别注重建筑内部空间的景观设计，建筑、道路、绿化、小品统筹规划，有机结合，满足各层次使用者的需求，形成完整的统一体。

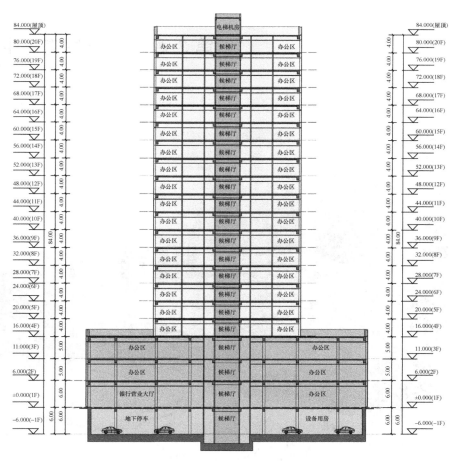

剖面图

第 3 章　工业建筑再生利用设计案例

3.1　会议展示中心——871 拉丝机车间项目

昆明重机厂是原机械工业部重点骨干企业，国家二级企业，建厂于 1958 年 8 月，其历史可追溯到清光绪末年，前身分别是 1907 年建成的云南龙云局（后为云南造币厂）和 1908 年设立的云南劝工总局，经过长时间的发展演变，国家为全国工业布局做出调整，为满足云南矿业的开采需要，经国家、省、市多方论证，于 1958 年将二者合并组建成立云南重型机器厂（昆明重机厂前身）。

为了 871 工业园区的后续开发，对位于厂区西南角距离主入口的一座临时厂房进行改造，在密集的厂房空间中置入室外街区空间，不仅可以丰富展示中心的室外空间感受，而且可以与其他建筑增强交流性。立面的工业价值较低，故采用场所内大量拆除遗留的红砖，不仅可以提升建筑的可持续性，而且能保留工业遗产立面的建筑特点。南侧的大台阶与柱式强调了主入口的引导性，并与街道发生视线关系。

1. 厂区定位

会展中心面向南亚、东南亚的辐射中心，在"创新、协调、绿色、开放、共享"五大发展理念的引领下，发挥得天独厚的差异化优势，新兴产业产生新动能，发展绿色低碳云南，打造旅游文化强省，成为连接南亚、东南亚的文创中心区。

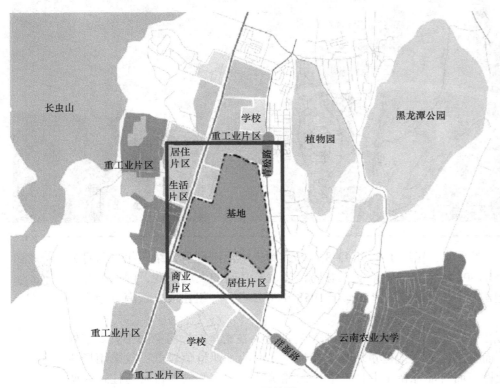

项目区位图

昆明长虫山景区

昆明树木园

西部生产片区

昆明植物园

云南农业大学西苑

黑龙潭公园

云南冶金集团(总部)

龙泉古镇

2. 建筑现状分析

(1) 铝板屋顶以及钢结构屋架可以选择保留或部分置换。

屋顶

(2) 立面材质损坏严重，按照建筑热工学要求进行更换设计。

立面

(3) 柱跨为 6m 宽的钢柱可以保留，但需要在建筑内部置入新的结构柱。

结构

内部现状图

该厂房目前为游戏娱乐场所，现称大嘴鸭儿童游乐场。其中，置入幼儿游玩功能，建筑屋顶与立面皆是轻薄材质，原有车间只保留了外表皮部分并加以利用。建筑东侧为医院食堂，包含就餐区和厨房，建筑南侧留有停车场地与半室内仓库，目前堆放垃圾与货物。

3. 设计方案展示

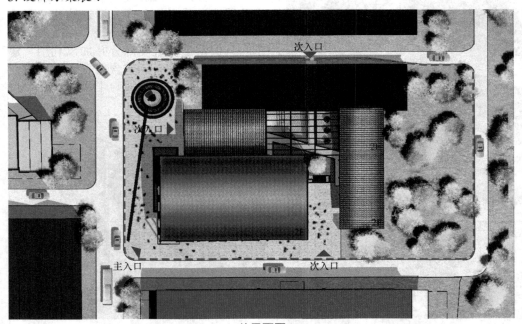

次入口

次入口

主入口　　　　　次入口

56-1

56-2

总平面图

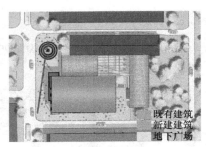

既有建筑
新建建筑
地下广场

改造分析图

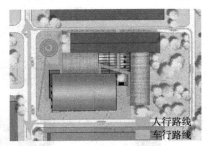

人行路线
车行路线

交通分析图

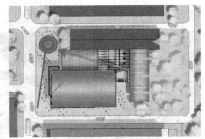

景观分析图

"一栋建筑，一座宫殿。"这种设计理念特别适用于工业遗产的再生利用。一方面，旧工业建筑具有极高的文化价值和利用价值；另一方面，只有常怀这种敬畏之心，才能把厂房的工业遗产气质雕刻出来。30多年前，昆明重机厂是一个昆明民众心中不可磨灭的城市记忆。为了不影响后续开发，会议展示中心作为整个园区的启动项目，选址在厂区西南角主入口进去的第二座厂房，靠近主入口的人流量较大，与新建建筑的风格相符合，原有的大厂房予以保护并加固结构，内部注入夹层结构并挖掘地下空间，为新建建筑创造室内会议空间与室外活动空间。

主入口穿过六根柱子的大台阶将人引入2层，巧妙地放大了厂房的体量，加强了向它走近时的礼仪感。走到近前，台阶隆起，变成通向2层的大楼梯，使厂房山墙面能够映射出旧工业建筑的文化符号及改造后建筑的全新面貌。

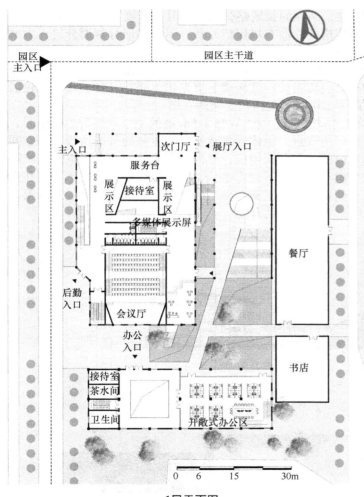

1层平面图

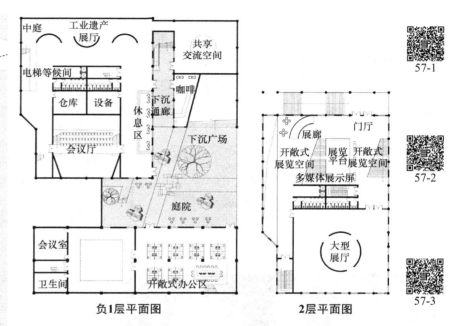

负1层平面图　　　　　　　　　**2层平面图**

57-1

57-2

57-3

2层为建筑的主楼层，大尺度的空间为公共建筑内部渲染了开放的气氛，主体展示空间的围合为回字形展示流线埋下了伏笔，大屏幕的多媒体展示结合不同高度的平台为空间带来序列感。

1层的主体建筑为展示与会议功能的结合，东侧屋顶下的开敞空间与地下广场相结合。同时，用斜向的木栈台加强水平与垂直空间的交通关系与视线关系，L 形的室外开放空间不仅将场地北侧与东西两侧串联起来，还呼应着新建的 L 形建筑形体。有效空间被置于地下，对建筑的入口序列和交通流线起到了调整作用。开敞办公室等区域被置于南侧新建建筑，以获得更优质的采光和景观视野。

由天蓬遮蔽的广场形成于纵向的场地与建筑之间，不断迎送着街道中来来往往的人，真正的把建筑与外部场地形成交互空间，打造有工业文化底蕴的会议展示中心。

空间意向图

主展厅或回字形布局，两侧的长墙略微倾斜，具体坡度在剖面上的反复推敲，有如下考虑：让原厂房的立面布局保留原状，不因楼层分割而分层；为地面层靠外墙两侧的区位提供狭长而高耸的空间；让主展厅的展墙和原建筑的墙面脱开；视觉上最有意义的是让这道 30 多米长的展墙再加上一点张力，展现文化的力量。直径叙事的展陈设计在这面墙上更是锦上添花，开了几个像轮船舷窗似的矩形展窗，点醒了沉睡的厂房再起航的主题。

在这样一个普通的厂房建筑里，当人置身于 6m 高的上空屋架的矩阵中时，不仅感悟到浓烈的工业厂房气息，也体验着建筑构架重复的节奏所带来的空间秩序。从室外延伸到室内的暗红色锈钢板，显得沉着稳健；而上层空间外维护饰面的白色张拉网，交织在错综的屋架之中，又有一种朦胧飘逸的感觉。在点缀着一些锈板的白色空间氛围中，下到地面层的黑色大看台，成为展厅的第一个空间焦点，彰显出展览空间的文化力量。

北立面图

西立面图

4. 功能分析

本方案在主入口位置置入了大台阶，将人流引入 2 层展示空间，同时，通高的台阶展示空间将人流引入 1 层。玻璃体块起到室内外空间的过渡作用，同时，利用新的材质与原有材质发生对比，突出展厅的主入口空间。

设计师对厂房原有立面也进行了重新改造，在每一跨中间加入工业色彩浓厚的红砖外墙，并且中间的玻璃材质形成采光的虚体立面。新建部分采用黑色钢板、磨砂玻璃等材料展示具有时代设计特点的工业遗产保护理念。

改造中利用价值较高的是屋顶结构与钢柱结构，立面等围护结构需要按照建筑热工性能以及工业遗产特色进行重新设计利用，既有建筑的保护是对场地的最大尊重。

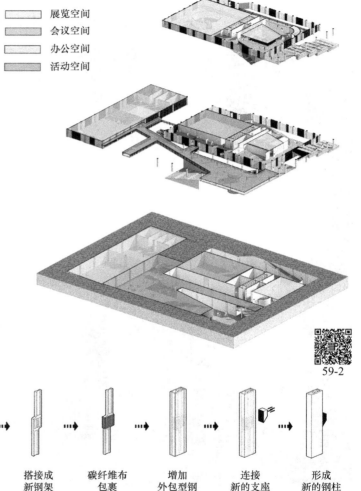

	展览空间
	会议空间
	办公空间
	活动空间

59-2

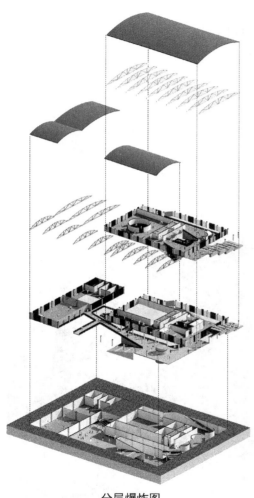

分层爆炸图

5. 结构分析

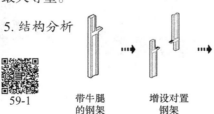

59-1

带牛腿的钢架	增设对置钢架	搭接成新钢架	碳纤维布包裹	增加外包型钢	连接新的支座	形成新的钢柱

3.2 多功能体育场馆——871 大空间旧厂房项目

　　871 大空间旧厂房项目为原拉丝机分公司,建造于 1987 年,长 120m,宽 42m,1 层排架结构,建筑面积 5040m²,原有窗户破败,外立面视觉效果较乱。

　　改造为多功能体育馆后,保留原有的建筑结构,在不改动结构的基础上去掉原有窗户,增强横向线条感,使其富有整体性,重新粉刷使之焕然一新。打开原有不透明的、空旷的工业建筑,将其中心部分转变为新的室内空间,外立面采用新的表面材料覆盖,营造出轻盈温馨的建筑外观。同时,该建筑被赋予新的功能,包括篮球、攀岩、舞蹈以及健身空间。社交与聚会区域被巧妙地设计其中,分布在整个建筑物内。

1. 设计意向

由于传统的旧工业建筑无法满足目前人们的需求，且有严重的污染问题，因此，目前被闲置的旧工业建筑都面临着被拆除、废弃、改建的命运。若能与现实需求结合，将为健身场地的匮乏和大空间工业厂房闲置问题的解决提供良好的契机。

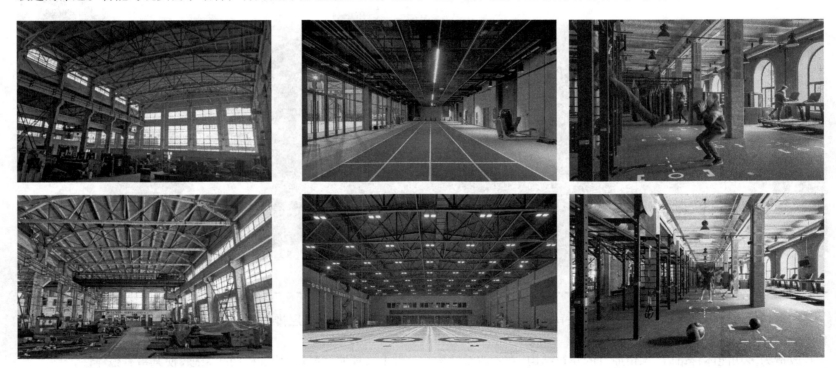

室内现状图   室内意向图

2. 园区建筑改造——多功能体育综合体设计

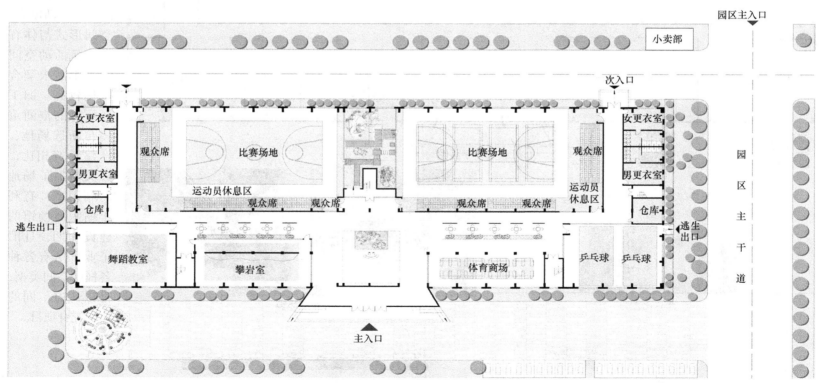

1层平面图

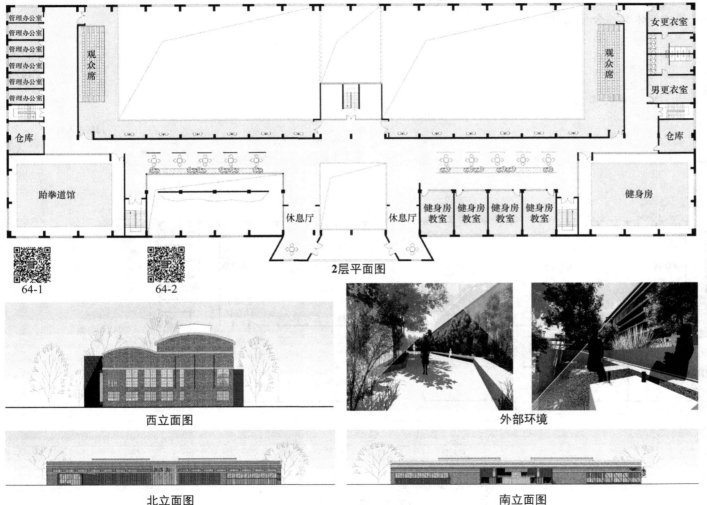

3. 设计说明

　　从空间的角度上来看，大空间旧工业建筑普遍布局宽敞、空间变化灵活度大，空间形式与体育类建筑活动空间的基本需求契合度比较高。旧工业厂房的空间重构与新选场地、新建建筑相比，大大增加了场地的利用率，有利于缩短新场馆的建设周期，且旧工业厂房有各种各样的空间类型，可以适应不同的体育健身项目。

室内功能按照空间层次依次置入，增加了篮球场、舞蹈教室、攀岩室、乒乓球室、武术室、健身房及辅助空间等。

隔层的施工对于基础结构体系要求较高，承载力足够好的旧工业建筑，可直接借用原有基础作为承载体系。若因年久失修、结构老化等原因造成结构承载力较差，也需要利用其较开敞的内部空间增加新的结构体系。常见的有钢结构、网架结构等，采用新旧结构共同使用的形式增加隔层。

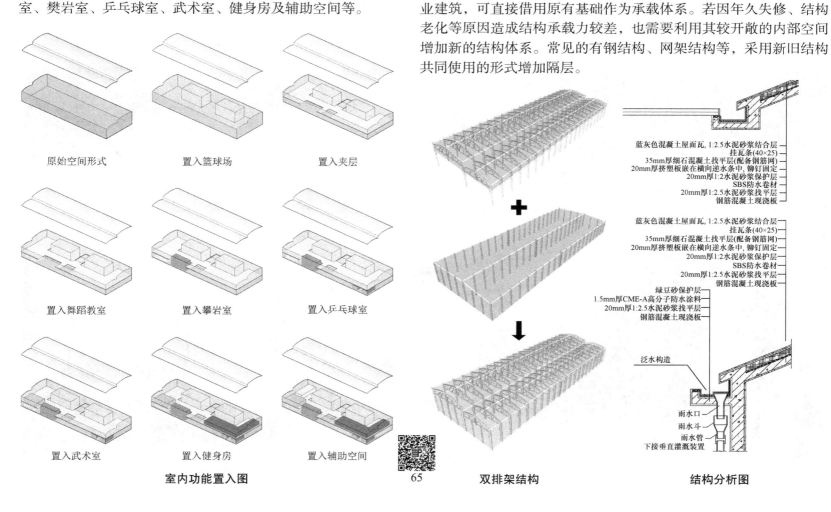

原始空间形式 置入篮球场 置入夹层

置入舞蹈教室 置入攀岩室 置入乒乓球室

置入武术室 置入健身房 置入辅助空间

室内功能置入图

蓝灰色混凝土屋面瓦，1:2.5水泥砂浆结合层
挂瓦条(40×25)
35mm厚细石混凝土找平层(配备钢筋网)
20mm厚挤塑板嵌在横向逆水条中，铆钉固定
20mm厚1:2水泥砂浆保护层
SBS防水卷材
20mm厚1:2.5水泥砂浆找平层
钢筋混凝土现浇板

蓝灰色混凝土屋面瓦，1:2.5水泥砂浆结合层
挂瓦条(40×25)
35mm厚细石混凝土找平层(配备钢筋网)
20mm厚挤塑板嵌在横向逆水条中，铆钉固定
20mm厚1:2水泥砂浆保护层
SBS防水卷材
20mm厚1:2.5水泥砂浆找平层
钢筋混凝土现浇板

绿豆砂保护层
1.5mm厚CME-A高分子防水涂料
20mm厚1:2.5水泥砂浆找平层
钢筋混凝土现浇板

泛水构造

雨水口
雨水斗
雨水管
下接垂直灌溉装置

双排架结构

结构分析图

3.3　智慧电影院——871 热处理车间项目

热处理车间总建筑面积约 5550.94m²，改造尽量保存现有结构，例如，办公空间充分加以利用，改造为电影院。

(1) 平面改造。1 层布置为售取票区、休息区及 5 个影厅。2 层布置为 3 个影厅，本次设计为北部区域局部 2 层，并在每层均布置卫生间，极大的方便观影群众。

(2) 立面改造。尽量在保存工业建筑风貌的同时，反应建筑功能。立面部分窗户进行了封闭，让观众有良好的体验，增加电子显示屏幕，布置海报。大门设置简单大方，很好地衔接了现有建筑立面，同时，又富有现代感与时尚感。

1. 调研现状分析

  (1) 立面现状。建筑由于年久失修，立面现状相对较为破旧，但基本结构尚且完好，改造过程保留原有结构风格，对部分窗户进行封闭。

  (2) 内部空间现状。建筑内部空间相对较为完整，工业建筑大空间的连续性及统一性可以提供较好的改造基础，为影院大空间创造良好的条件。

  (3) 结构现状。建筑结构当前基本完好，工业建筑结构风格明显，屋架及内部空间特征突出，改造过程中应主要加以利用。

  经过调研，热处理车间目前存在的主要问题为：建筑立面脱落严重；内部空间杂乱；由于年久失修，整体较为脏乱。但改造更新时，热处理车间仍存在许多优点：工业建筑特征突出，具有深远的历史价值；内部空间统一开阔，可操作性强；既有主体结构基本完好，改造利用节约成本；历史底蕴深厚，场所记忆深远，改造利用潜力大。

调研现状图

2. 空间改造意向

空间改造意向图

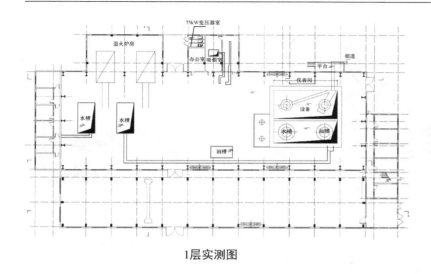

1 层实测图

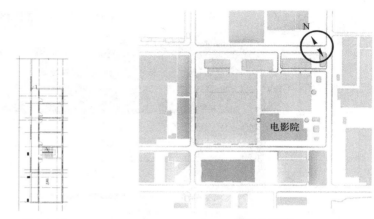

2 层实测图　　**场地位置图**

　　此次规划电影院位置为原热处理车间，位于本次核心区域的中间区域，建筑东西长 85.64m，南北宽 47.27m，为两跨建筑。北侧建筑高度 16.2m，南侧建筑高度 11.1m。

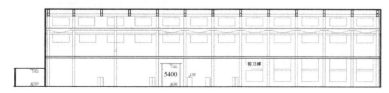

1-1 剖面图

室外环境图

3. 设计方案展示

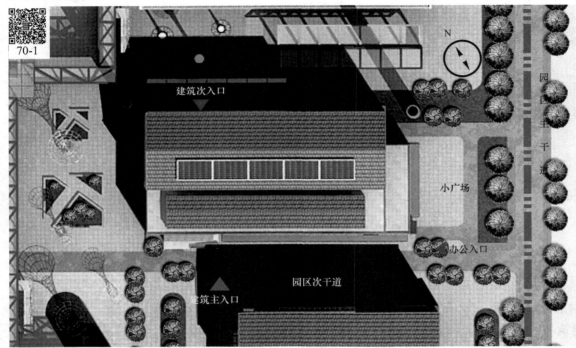

总平面图

轴线分析图

节点分析图

　　在大空间工业厂房的再生利用改造为商业影院的过程中，将原有厂房的建筑特征保留下来至关重要。工业建筑最明显的风格是其原有的建筑结构，因此，工业厂房内部建筑结构的保留利用，不仅是保留工业建筑的历史风格，使得建筑更加具有吸引力，而且是我们在建筑设计创作中的一个基本态度。正如柯布西耶在《走向新建筑》中说到的："由一个统一体赋予作品以活力，给它们一个基本态度，一个性格，这就是精神的纯创造。"

　　在保留厂房原有结构和厂房外立面的基础上，加入我们的设计手法，新的开窗形式、内部空间的分隔设计等。保留与干涉两种态度相叠加所产生的设计，使得商业影视的功能在精心设计下得以长时间的保持活力。

内部效果图

厂房改造后主要功能为电影院，观影厅作为电影院的主要承载空间，均匀地分布在厂房的主体使用结构内部，裸露的工业建筑结构与影院观赏空间相互叠加，突出工业建筑的历史风格。将厂房内部的隔墙打通，在厂房内侧形成一条贯通的通道。通道的意义不只在于观影人员的短时间疏散，更主要的是结合厂房原有结构，形成的一条观赏长廊，使观影人员在行走时能够与建筑发生更多的情感交流。

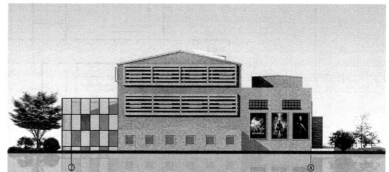

西立面图

东立面图

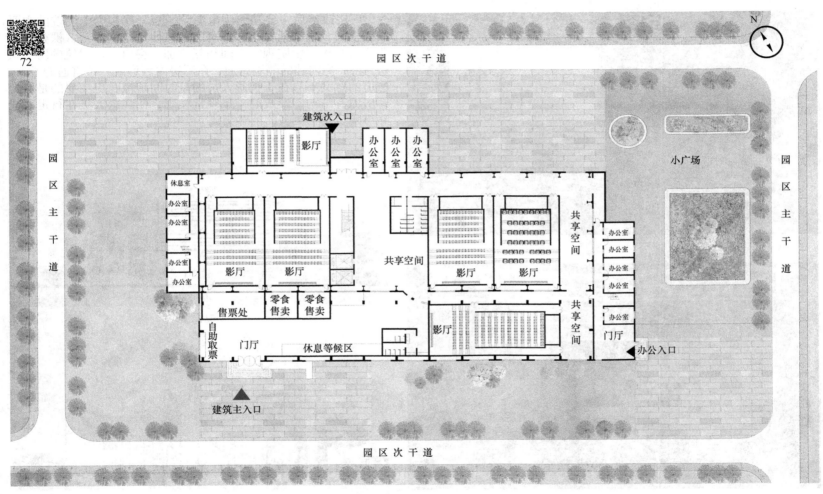

1层平面图

在平面设计过程中，对厂房原有功能流线进行重新梳理，将主体的使用功能放置在厂房内部，通过工业建筑的大跨结构体系合理布置观影厅，利用休息共享空间和楼梯交通卫生间等辅助空间进行功能的串联，使得大空间与小空间排布有序，同时内部流线合理通畅。主要的办公使用空间放置在建筑的两侧，使得功能上相互分开，不产生干扰的同时，平面布置更加井然有序。

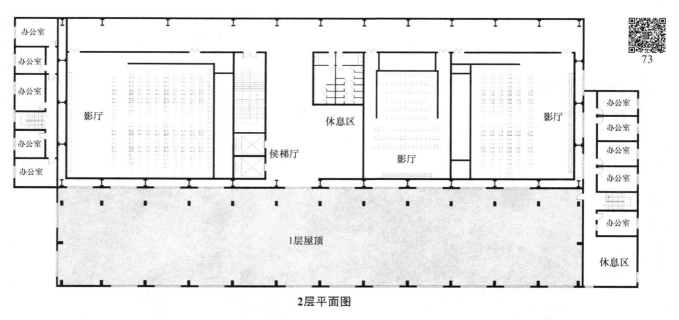

2层平面图

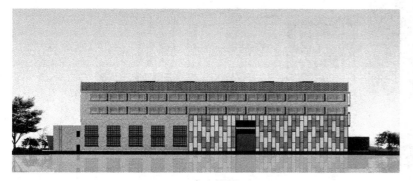

南立面图

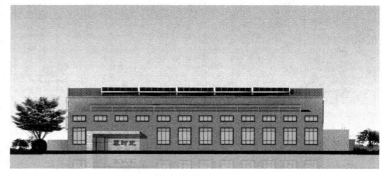

北立面图

3.4　数码公园——871 设备维修车间项目

设备维修车间改造为多功能会议中心，内部空间被分为 2 层，通高区域为多功能大厅及观众体验中心。该车间的改造充分利用现状，保留办公区域，加入卫生间等辅助功能，并充分利用旧工业建筑的空间特征。

多功能大厅的立面布置具有艺术性、变化感，正立面的字母加小构件，丰富立面造型，又不失对原有建筑的保护。门头的制作，主次分明，造型挺拔，与工业建筑的外表形成对比，但又不影响整个建筑的工业感。

再生利用的旧建筑位于整个场地的最南端，建筑东面南面均为厂区道路，北面与热处理车间相邻，西面为厂区停车场。

建筑原为场地内的设备维修车间，建筑东西长60m，南北宽42m，为两跨建筑。北侧建筑高度16m，南侧建筑高度12.3m。

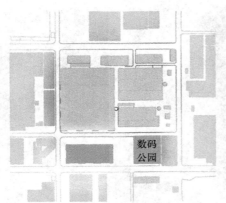

场地位置图

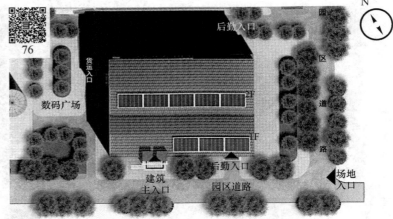

总平面图

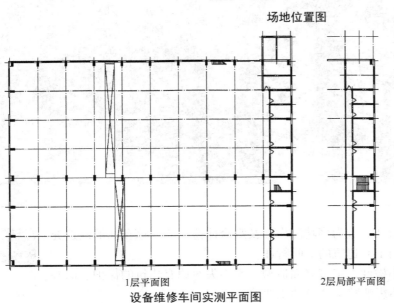

1层平面图　　　　　　2层局部平面图

设备维修车间实测平面图

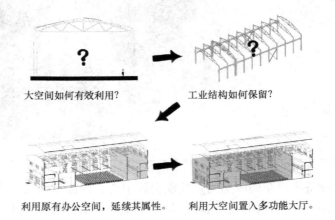

大空间如何有效利用?　　　　工业结构如何保留?

利用原有办公空间，延续其属性。　　利用大空间置入多功能大厅。

方案生成示意图

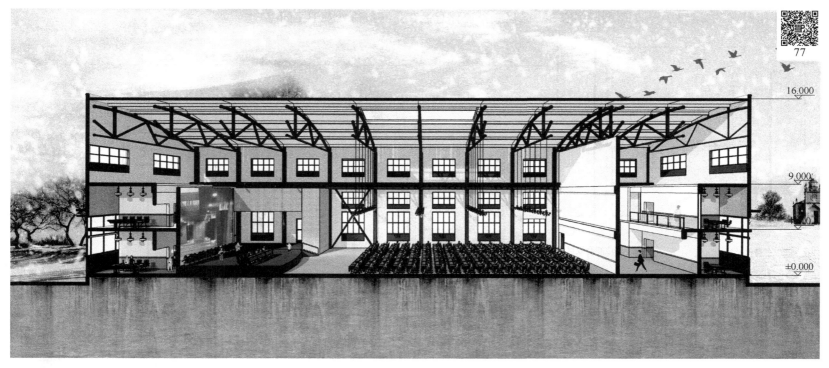

16.000

9.000

±0.000

剖透视图

| 南立面图 | 西立面图 | 北立面图 | 东立面图 |

1层布置有多功能大厅、小型会议中心、办公区、茶座休息区、贵宾接待处及卫生间等。

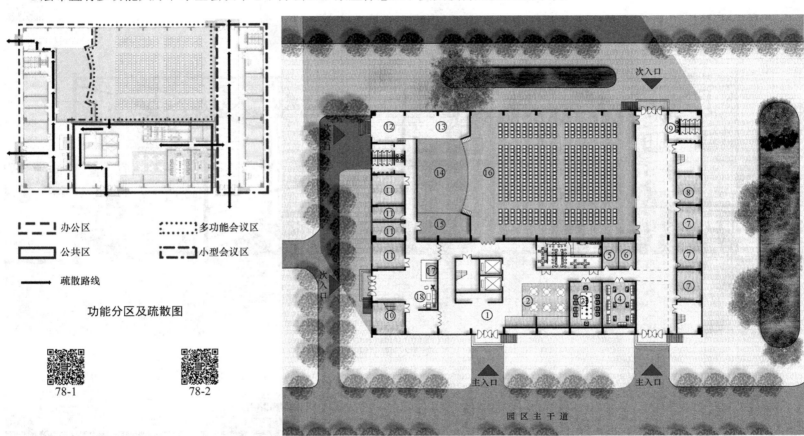

功能分区及疏散图

78-1   78-2

1层平面图

1-门厅；2-茶座；3-会议室；4-贵宾接待室；5-茶水间；6-接待；7-小型会议室；8-库房；9-卫生间；10-楼梯间；11-办公室；12-卸货场；13-道具停留区；14-舞台；15-候场区；16-多功能大厅；17-茶吧；18-休息区

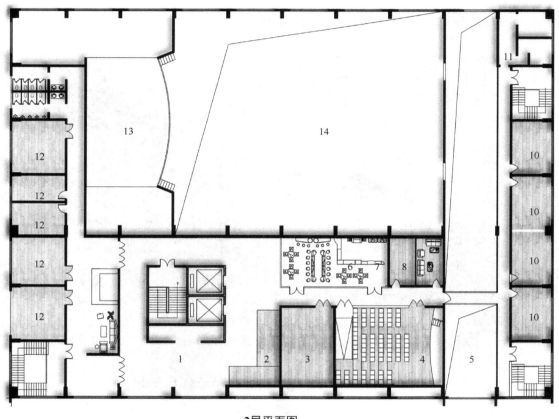

2层平面图

1-门厅；2-茶座；3-会议室；4-影音室；5-库房；6-茶水间；7、8、12-办公室；9-接待室；
10-小型会议室；11-卫生间；13-舞台上空；14-观众席上空

2层布置有小型会议室、办公室、茶座、会议室、影音室、库房、茶水间等。

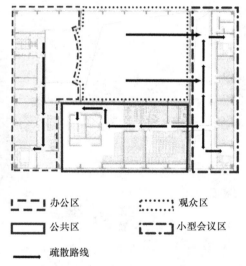

办公区　　　　观众区

公共区　　　　小型会议区

疏散路线

功能分区及疏散图

79-1　　　　　　　79-2

3.5　魅力新地标——871 工业栈桥 I 项目

工业栈桥 I 项目场地位于云南省昆明市 871 文化创意产业园园区的东北角，在昆明重机厂生产运作时期，这座建筑是厂区内燃气站。在昆明重机厂工业厂区关闭停产后，经过统一规划设计，燃气站将改造为一个集餐饮休闲、展览娱乐为一体的综合休闲中心继续在厂区内发挥它的价值。

本设计以共享为主题，利用燃气站原有的大空间和栈桥的特殊交通构造置入许多新的功能，如餐饮、会议、小吃、展览、办公等，通过加层的形式将空间利用最大化。场地内利用原有地形高差和工业遗存的构筑物，以生态为主题布置了许多景观花园，达到室内外休闲空间的自由转换。

1. 基地概况分析

工业风貌续存，价值保留——建筑原本为一栋燃气站工业建筑，内部主体结构清晰，保留完好，2层楼板由于设备安装，局部掏出3个圆形洞口。整体建筑修改价值高，立面破损严重，整体风貌需要修缮。

■ 道路及广场

场地在园区中的位置图

82

■■ 内部道路

—— 周边道路

场地周边道路通达性分析图

2. 建筑现状分析

凌乱草木　　　废弃楼梯　　　工厂旧痕　　　保留结构　　　破败立面

场地问题总结				
1	基地风貌破坏严重			建筑废弃已久，院内杂草丛生，原本风貌早已荡然无存，周边工业遗痕已经被埋没，需要重新进行绿化设计，结合工业遗风，设计出符合工业精神的外部绿化环境
2	结构需要再生			原有建筑2层楼板因当时生产需要，局部掏出了3个洞口，在对其再生利用设计过程中，要将其结构补齐，以满足改造后的使用要求。对其余结构进行修缮加固，以适应不同使用空间的需要。在其中增设垂直交通设施，满足疏散要求
3	空间改造利用			原有建筑的层高与空间尺度都特别大，不适宜作为民用建筑的空间使用，因此进行空间改造是必要的
4	构筑物再利用			基地内部有许多工业遗产构筑物保留了下来，作为时代的印记，这些构筑物必须进行合理的保护，适当开发

3.场地风貌分析

建筑立面窗户

建筑立面

场地内构筑物

场地内构筑物

4.设计方案展示

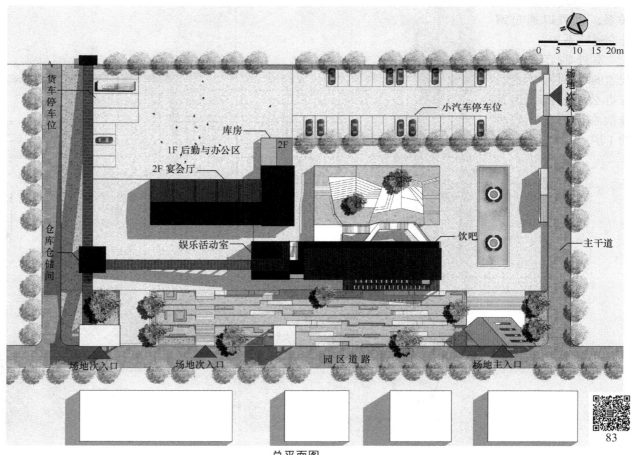

总平面图

场地的垂直交通既可以通过室内交通联系，也可以通过室外交通联系。

室外垂直交通有强烈的导向性，因此，将办公及辅助用房部分放在游客光顾较少的1层。

84

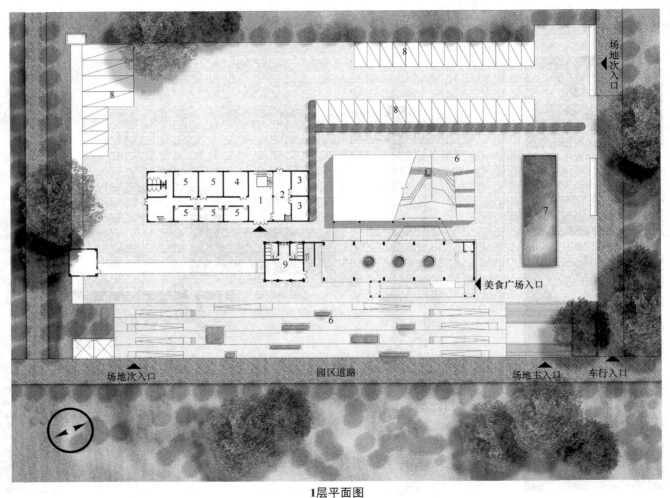

1层平面图

1-门厅；2-厨房；3-食库；4-会议室；5-办公室；6-室外阶梯花园；7-景观水池；8-停车场；9-卫生间

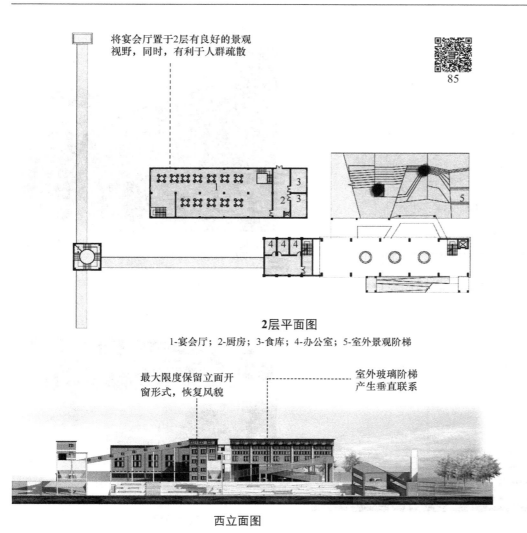

将宴会厅置于2层有良好的景观
视野，同时，有利于人群疏散

2层平面图

1-宴会厅；2-厨房；3-食库；4-办公室；5-室外景观阶梯

最大限度保留立面开
窗形式，恢复风貌

室外玻璃阶梯
产生垂直联系

西立面图

5. 改造分析

昆明重机搬迁后遗弃的燃气站院内杂草丛生，没有人为组
织与干预的场地毫无生机。

燃气站所在基地高差不等，由西向东逐渐升高，室外场地
平整后设计一处景观大阶梯，既可作为面向南侧荧幕的观
众席，也可作为室外通往室内的交通节点。

改造前后对比图(一)

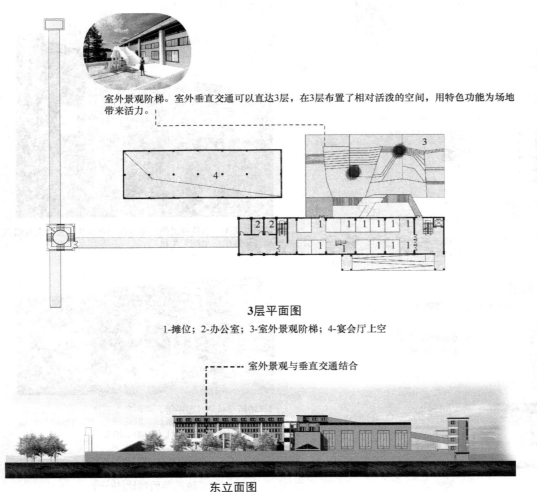

室外景观阶梯。室外垂直交通可以直达3层，在3层布置了相对活泼的空间，用特色功能为场地带来活力。

3层平面图

1-摊位；2-办公室；3-室外景观阶梯；4-宴会厅上空

室外景观与垂直交通结合

东立面图

基地西侧与道路之间约3m的高差，原有场地将其设置为绿化，把场地与道路隔离开。

利用原有场地的3m高差，将场地布置成梯级公园，将道路上的人群引入建筑当中。

改造前后对比图(二)

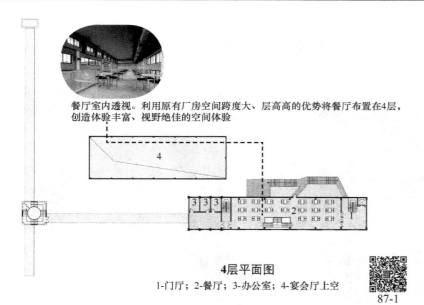

餐厅室内透视。利用原有厂房空间跨度大、层高高的优势将餐厅布置在4层，创造体验丰富、视野绝佳的空间体验

将原有厂址5层的塔楼布置成景观台，创造会当凌绝顶的空间体验

4层平面图

1-门厅；2-餐厅；3-办公室；4-宴会厅上空

87-1

5层平面图

1-门厅；2-观景台

87-2

建筑功能的布置也遵循"分区明确，联系方便"的原则。考虑到公共活动场地对外联系紧密，引导人流，将其布置在临近道路一侧。由于北部地处偏僻，因此，适合布置一些辅助型空间，将停车场、堆放杂物的场地布置在场地的北部。

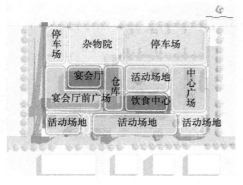

功能分区示意图

交通流线以便捷联系为主，场地内的交通系统没有过多的曲折，但在前导空间的处理时，对其进行了考虑。场地的人行主要流线用阶梯花园来营造前奏氛围。车行流线用环线包裹着场地。

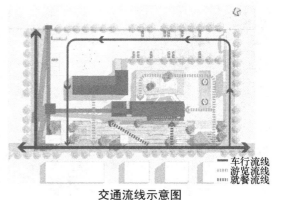

交通流线示意图

3.6　文化艺术中心——871 工业栈桥 II 项目

工业栈桥Ⅱ项目基地位于昆明盘龙区龙泉路 871 号——昆明 871 文化创意工场，项目占地约 430000m²，建筑面积约 150000m²。

策划时，将燃气站改造为文化艺术中心。旧工业建筑有其自成一派的独特美感，这与艺术家们的追求不谋而合，将工业遗存转型为艺术的乌托邦，文化艺术创意产业让工业遗产焕发新活力，用艺术的方式诠释建筑创新，可以为入园的艺术家和艺术机构提供舒适的创作和展览环境，有利于文化艺术中心的长期经营。

原燃气站有 2 栋工业建筑、2 条栈桥及其他构筑物设施。整体的再生设计思路是，保留既有建构筑物的肌理和布局，增加运动健身廊道和景观廊架，同时，利用现有空地改造成为水池和园林景观小空间，将既有的构筑物改造成为儿童娱乐设施。

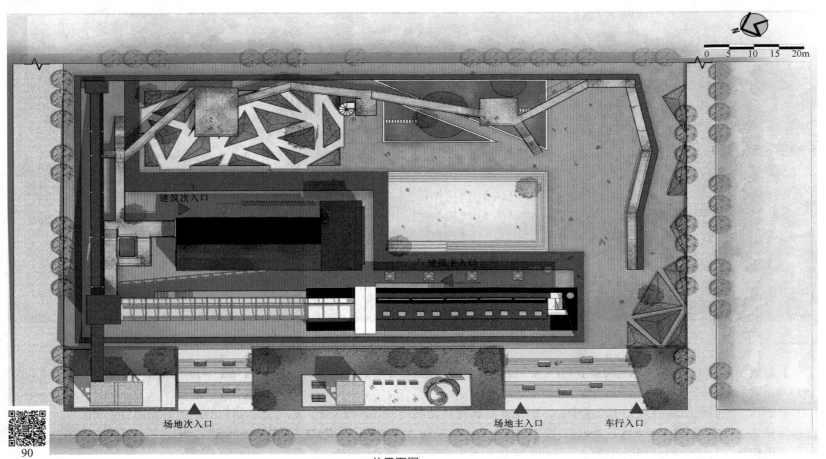

建筑次入口

建筑主入口

场地次入口　　　　　　　　　场地主入口　　　车行入口

总平面图

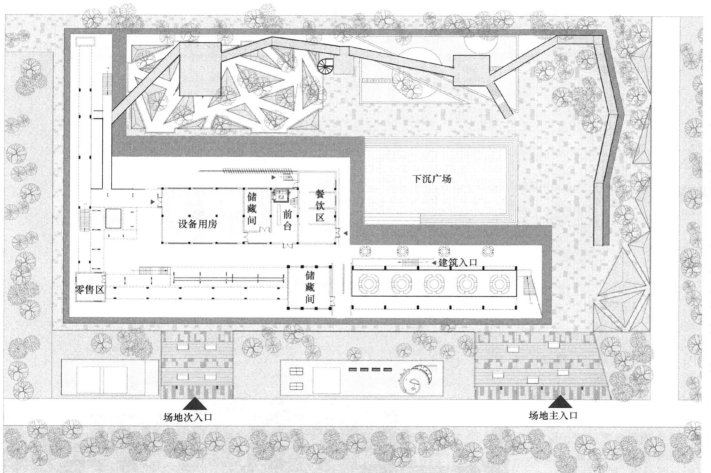

1层平面图

1.设计意向

改造后建筑1层的功能主要由设备用房、储藏间、前台、餐饮区、零售区组成。基地共设有2个场地入口，建筑共设有4个出入口。

2栋建筑围合的聚集空间形成下沉广场，与之相对的是亲水平台和架空廊道。室内外空间形成良好的视线关系和呼应关系。

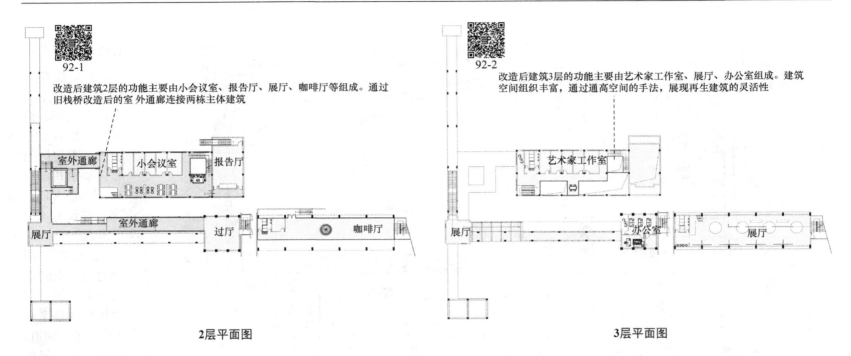

92-1 改造后建筑2层的功能主要由小会议室、报告厅、展厅、咖啡厅等组成。通过旧栈桥改造后的室外通廊连接两栋主体建筑

92-2 改造后建筑3层的功能主要由艺术家工作室、展厅、办公室组成。建筑空间组织丰富，通过通高空间的手法，展现再生建筑的灵活性

2层平面图

3层平面图

2. 立面设计

立面改造过程中，对老旧的立面进行修复。增加新材料、新结构、新空间等新元素，为旧工业建筑增加了新的生命力，赋予建筑新的活力。

通过调整开窗大小、立面材质等元素，保持旧工业建筑的基本色调和整体氛围，以砖红色为主色调，加入灰色混凝土新材质，风貌协调统一，又不失新时代特色。

北立面图

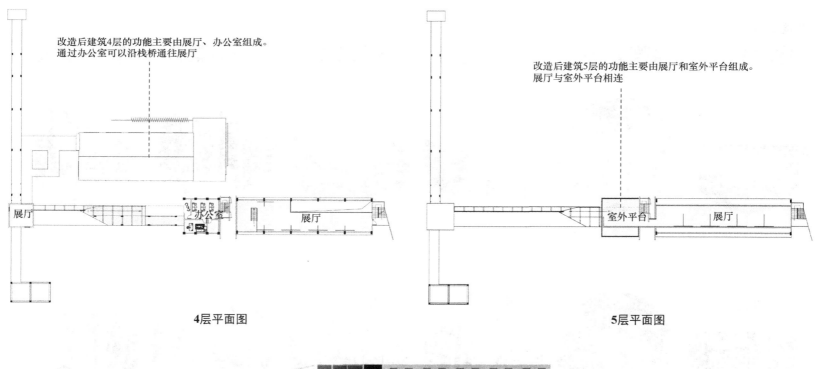

改造后建筑4层的功能主要由展厅、办公室组成。
通过办公室可以沿栈桥通往展厅

改造后建筑5层的功能主要由展厅和室外平台组成。
展厅与室外平台相连

4层平面图

5层平面图

西立面图

3. 改造更新设计解析

| 建筑窗户装饰 | 工业设施美化 | 设施美化再生 | 栈桥维护美化 | 标志构建修复 | 创新活动空间 |

在立面上外包一层金属穿孔板，使立面风格更加鲜明、统一，同时不影响采光，且富有光影变化。

将燃气站内部主体结构通过玻璃围合起来形成展览空间，对结构进行展览的同时加以保护。

对冷却塔主体结构外部风貌进行调整，突出其在燃气站中的识别度，形成特色构筑物。

将工业栈桥主体结构进行恢复性修建，使其重新焕发工业活力，唤醒生产记忆。

在冷却塔下部空间进行功能置换，加入活动设施，提升空间活力，形成特色空间。

在栈桥下部加入直跑楼梯，与之前栈桥功能形成联系，在打造特色空间的同时唤醒空间记忆。

　　燃气站主体建筑保存较好，通过新旧共存的手法对建筑和场地进行更新改造，尊循燃气站的特殊性构建方式和空间秩序，同时加入新的元素，改造后更加适宜普通大众进行休闲娱乐。

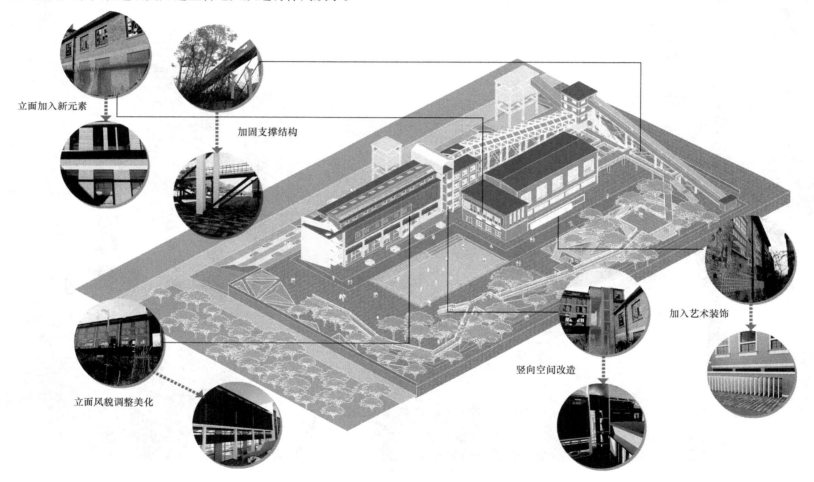

立面加入新元素

加固支撑结构

立面风貌调整美化

竖向空间改造

加入艺术装饰

改造更新效果图(一)

改造更新效果图(二)

第 4 章 老旧街区保护传承设计案例

4.1 界联四合——西四街区项目

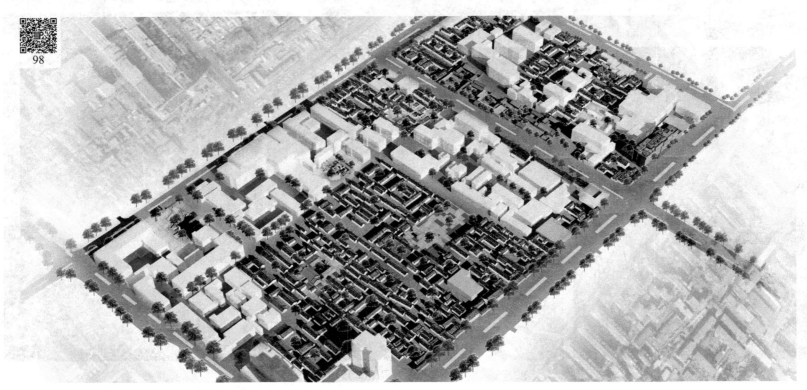

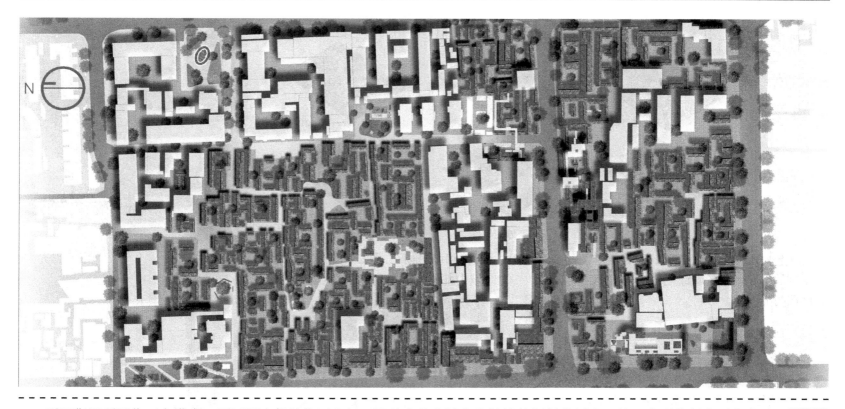

西四街区项目位于白塔寺 – 西四历史保护街区之间，且处在北京城市中轴线的辐射范围内，是一个现状保存不太完整的历史街区。其本身所特有的过渡性质，作为两个历史保护街区之间的重要地带，其未来的发展有着巨大的潜力。

为了满足要求与设计期望，采用"穿针引线"法——设置均匀分布开放的公共空间作为节点，合理设置安排道路分级并设计半开放性慢行系统作为流线，从空间上串联起整个系统。既满足居民的生活要求，又在一定程度上引入的活力。在流线上设置功能各不相同的小节点，在增加区域内部活力点密度的同时，从更深的层次上激活整个系统，以发挥其最大效用。

1. 空间变迁

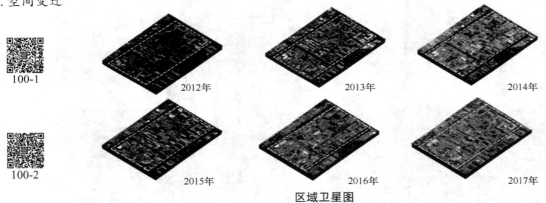

2012年　　　2013年　　　2014年

2015年　　　2016年　　　2017年

区域卫星图

以上为西四东地区近年的区域卫星图的变迁情况。随着时间的推移，可以明显观察到2个显著的变化：①区域绿化由少增多而后再次减少；②区域内部仅有的沿街建筑在建筑体量上存在明显变化。

2. 现状问题分析

(1) 私搭乱建影响区域整体风貌。房屋产权的混乱为后期的管理和维护带来极大的困难。

(2) 西侧沿街立面风格混杂。门面样式多样且颜色不协调，造成商业界面较为廉价缺少文化特色。

(3) 缺少公共绿化。区域绿化主要由庭院里的单株乔木组成，而其街巷内几乎没有成片的绿化。

(4) 公共休闲空间匮乏。居民的日常休闲场地仅限于院落门前较宽的街巷中，区域中整体缺乏活力点和潜力点。

街区现状

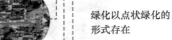

绿化以点状绿化的形式存在

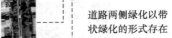

道路两侧绿化以带状绿化的形式存在

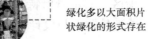

绿化多以大面积片状绿化的形式存在

绿化分析图

100-1

100-2

100-3

3.街巷分析

 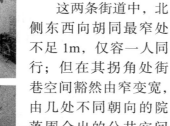 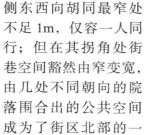

这两条街道中，北侧东西向胡同最窄处不足 1m，仅容一人同行；但在其拐角处街巷空间豁然由窄变宽，由几处不同朝向的院落围合出的公共空间成为了街区北部的一个小型活力点。

101

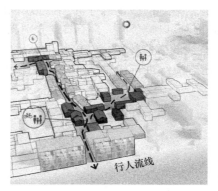

行人流线

南侧东西向胡同中，通过不同建筑院落时，形成不一样的曲折空间，带给游客的游览体验十分丰富，且其沿街有 2~3 处划归西城区区级保护院落的文保单位，具有较高的文化和游览价值。

---

(1) 空间结构。街巷两面排列高为 3~6m 的历史建筑，主路宽处 6~7m，路窄处宽 2~3m。

(2) 空间层次。直巷–岔路口–窄巷–主巷–道路，错位交叉，顺而不穿；此种道路曲折有致，收放自如。

(3) 古宅温居。大户人家有一进进、一落落的深宅大院，有雕梁画栋的厅堂，有精美的砖雕朱门，还有精雕细琢的影壁，当然还有宅内精致的花园，每个庭院中还有水缸、石榴树等，给北京人带来很多儿时的回味。

(4) 措施手法。通过保持或者适当拓宽巷弄的宽度、控制街巷的比例、保持街巷界面的连贯性和封闭性、保持巷子功能的多样性、控制建筑体量等方法，创造出新特色街巷氛围。

(5) 景观小品。小巷子宽度仅为 1~3m，巷子的另一侧是建筑的院墙，由于道路宽度限制在 4m 以内，两侧建筑也不高，加上建筑的错落，形成小街巷的传统韵味。

4. 方案设计简介

102-1

　　结合"穿针引线"法,依据建筑分析,在地块内的不同区域内共设置 5 个一级节点——四合院文化民俗展览馆、共生集市、文化宫、创意咖啡厅、口袋公园。5 个节点分别满足了区域内居民的不同需求。在其空间设计上采用不同的空间体验形式,丰富了整体系统流线的游览体验。在区域的整体改造中,针对居民问卷调研中提到的有关道路交通混乱的问题,对地块内的交通、居民及游客流线进行优化,从基础道路系统中缓解现状问题。

102-2

→ 活力轴线　 ⊛ 活力点	━━ 支路　　━━ 主干道 ━━ 尽端路　　━━ 次干道	┄┄ 车辆流线 ┄┄ 人群流线	公服设施　军事区域　居住用地 商业用地　文保单位　科研用地 宗教用地　行政用地　广场绿地	⊙ 树木
活力点分布图	道路系统分析图	内部流线分析图	功能分区图	绿化分布图

商业界面

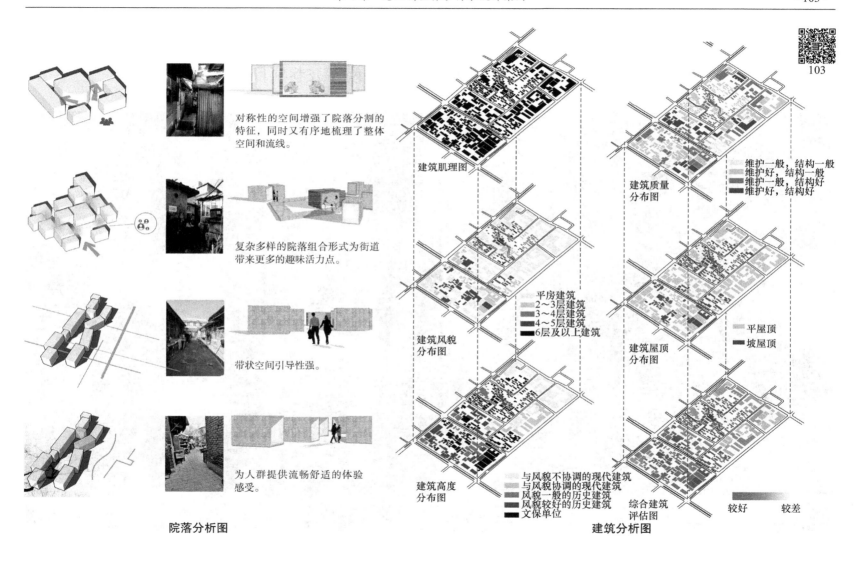

对称性的空间增强了院落分割的特征，同时又有序地梳理了整体空间和流线。

复杂多样的院落组合形式为街道带来更多的趣味活力点。

带状空间引导性强。

为人群提供流畅舒适的体验感受。

建筑肌理图

建筑风貌分布图

平房建筑
2～3层建筑
3～4层建筑
4～5层建筑
6层及以上建筑

建筑高度分布图

与风貌不协调的现代建筑
与风貌协调的现代建筑
风貌一般的历史建筑
风貌较好的历史建筑
文保单位

综合建筑评估图

建筑质量分布图

维护一般，结构一般
维护好，结构一般
维护一般，结构好
维护好，结构好

建筑屋顶分布图

平屋顶
坡屋顶

较好　　　较差

院落分析图

建筑分析图

4.2　潋滟湖光里的京味儿——南锣鼓巷项目

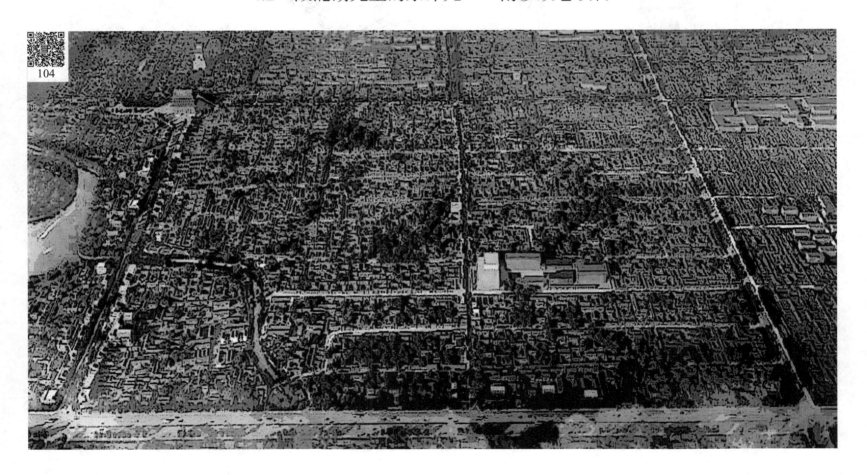

规划前技术经济指标			规划后技术经济指标		
项目	数量	单位	项目	数量	单位
总用地面积	2.094	$\times10^5 m^2$	总用地面积	2.094	$\times10^5 m^2$
总建筑面积	1.738	$\times10^5 m^2$	总建筑面积	1.570	$\times10^5 m^2$
建筑基地总面积	1.282	$\times10^5 m^2$	建筑基地总面积	1.053	$\times10^5 m^2$
容积率	0.83	/	容积率	0.75	/
建筑密度	61.20	%	建筑密度	50.28	%
绿地率	0.76	%	绿地率	10.09	%
住宅用地面积	8.42	$\times10^4 m^2$	住宅用地面积	6.85	$\times10^4 m^2$
商业用地面积	5.11	$\times10^4 m^2$	商业用地面积	5.15	$\times10^4 m^2$
教育用地面积	1.94	$\times10^4 m^2$	教育用地面积	1.94	$\times10^4 m^2$
医疗用地面积	8.7	$\times10^3 m^2$	医疗用地面积	7.2	$\times10^3 m^2$
行政办公用地面积	1.92	$\times10^4 m^2$	行政办公用地面积	1.53	$\times10^4 m^2$
道路用地面积	2.11	$\times10^4 m^2$	道路用地面积	2.30	$\times10^4 m^2$
公用设施用地面积	4.1	$\times10^3 m^2$	公用设施用地面积	4.1	$\times10^3 m^2$
绿地与广场用地面积	1.6	$\times10^3 m^2$	绿地与广场用地面积	2.04	$\times10^4 m^2$

　　南锣鼓巷保护区位于北京中轴东侧，总占地面积约 $8.4\times10^5 m^2$。该区西、南两侧分别与什刹海和景山历史文化保护区相邻。
　　南锣鼓巷与元大都同期建成，至今已有 700 多年的历史。南锣鼓巷地区是北京重要的居住区。明清时，该区设有相当数量的衙署、寺庙及官贵人的府邸等建筑。解放后，一些机关单位迁入该区，对一些地段进行了改造，拆除了一些重要的衙署、寺庙、四合院等。其鱼骨式格局是元大都遗留至今的城市形态片段的活化石，因此，南锣鼓巷在整个北京旧城保护中占有极为重要的地位。

1. 走进南锣

主色调为灰色，沿街店面的招牌颜色杂乱，冲淡了街区历史感，破坏了街区整体形象。沿街商铺立面材质不统一，影响街道立面整体性。

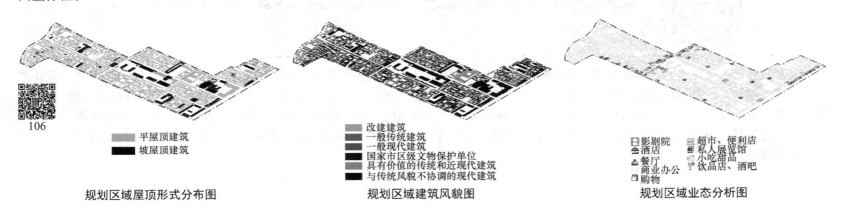

▦ 平屋顶建筑	
■ 坡屋顶建筑	

规划区域屋顶形式分布图

▦ 改建建筑
▦ 一般传统建筑
▦ 一般现代建筑
■ 国家市区级文物保护单位
▦ 具有价值的传统和近现代建筑
■ 与传统风貌不协调的现代建筑

规划区域建筑风貌图

▣ 影剧院	▦ 超市、便利店
☕ 酒店	▦ 私人展览馆
☗ 餐厅	▣ 小吃甜品
商业办公	▣ 饮品店、酒吧
购物	

规划区域业态分析图

2. 深入南锣

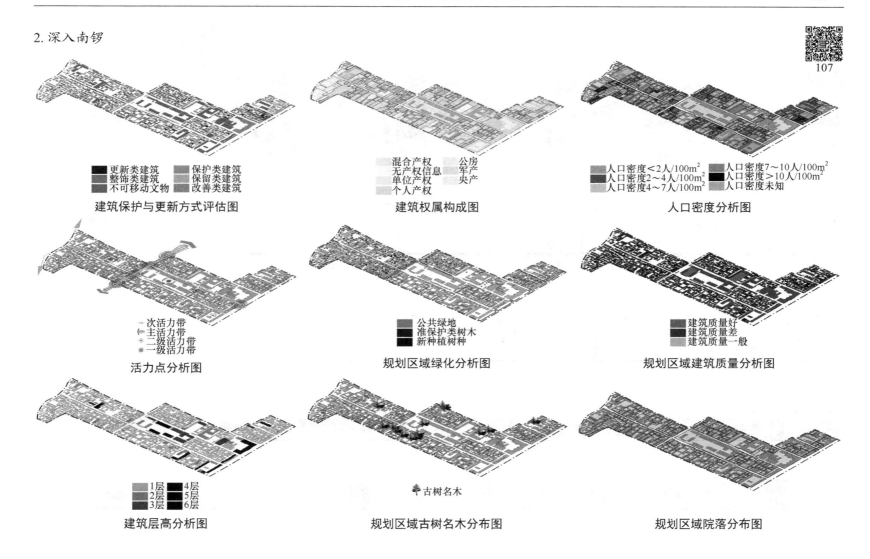

建筑保护与更新方式评估图

- 更新类建筑
- 整饰类建筑
- 不可移动文物
- 保护类建筑
- 保留类建筑
- 改善类建筑

建筑权属构成图

- 混合产权
- 无产权信息
- 单位产权
- 个人产权
- 公房
- 军产
- 央产

人口密度分析图

- 人口密度＜2人/100m²
- 人口密度2～4人/100m²
- 人口密度4～7人/100m²
- 人口密度7～10人/100m²
- 人口密度＞10人/100m²
- 人口密度未知

活力点分析图

- 次活力带
- 主活力带
- 二级活力带
- 二级活力带

规划区域绿化分析图

- 公共绿地
- 准保护类树木
- 新种植树种

规划区域建筑质量分析图

- 建筑质量好
- 建筑质量差
- 建筑质量一般

建筑层高分析图

- 1层
- 2层
- 3层
- 4层
- 5层
- 6层

规划区域古树名木分布图

- 古树名木

规划区域院落分布图

3. 更新南锣

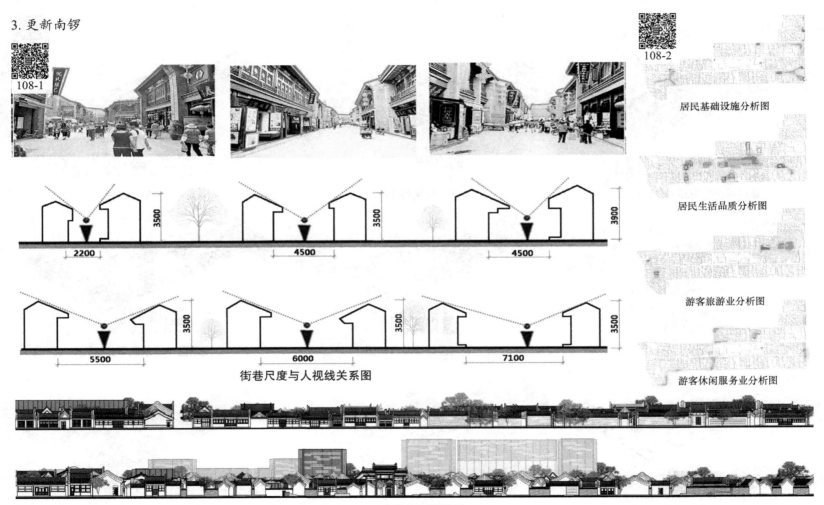

居民基础设施分析图

居民生活品质分析图

游客旅游业分析图

街巷尺度与人视线关系图

游客休闲服务业分析图

建筑立面设计图

4. 融入南锣

隔阂 ← 交往 → 应用于戏台与民宿场地

1) 共生院落改造

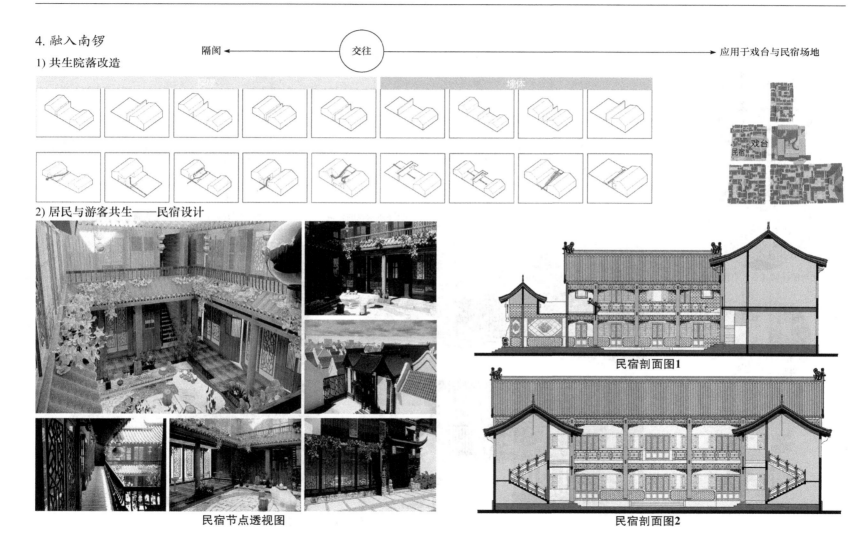

2) 居民与游客共生——民宿设计

民宿节点透视图

民宿剖面图1

民宿剖面图2

5. 文化共生——戏台设计

文化与经济的共生·京剧邮票

文化与经济的共生·京剧金银币

文化与经济的共生·京剧彩票

文化与建筑的共生·京剧雕塑

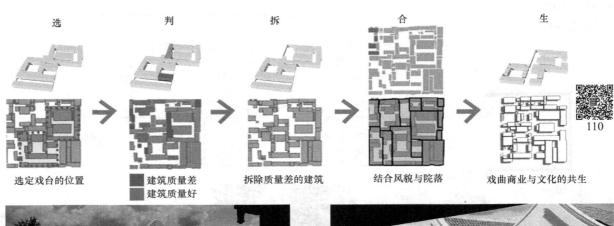

选	判	拆	合	生
选定戏台的位置	建筑质量差 建筑质量好	拆除质量差的建筑	结合风貌与院落	戏曲商业与文化的共生

110

文化与商业的共生·戏台节点效果图

6.景观节点分析

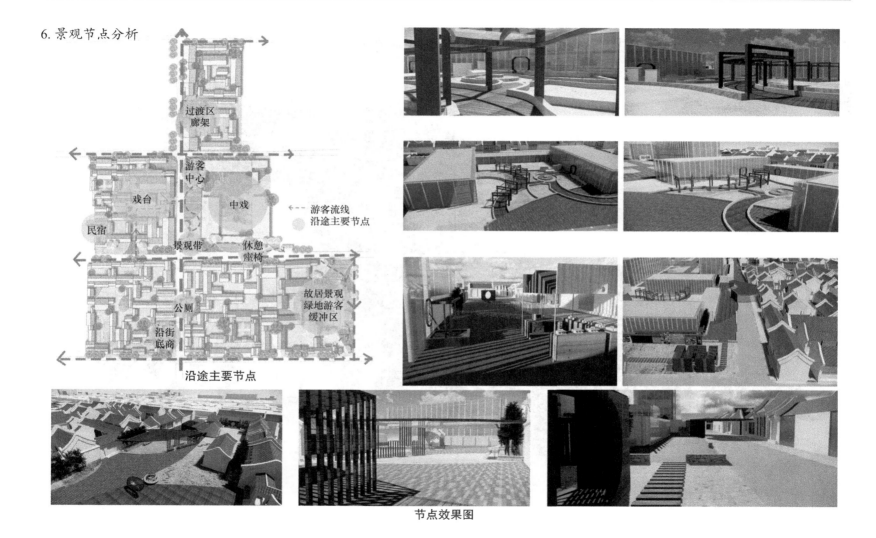

沿途主要节点

节点效果图

4.3 古都风韵与现代艺术共生——东四历史街区 I 项目

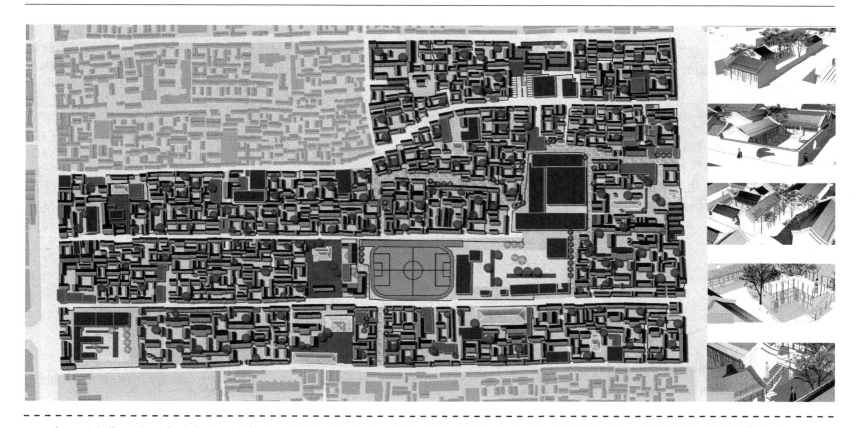

东四历史街区范围内的中心，有着良好的地理位置，周围有学校及大使馆，能保持较大的活力。东四历史街区场地外的史家胡同博物馆在文化传承发扬上占据了重要的位置，所以，打通了连接史家胡同以及内务部街的路，宾馆部分改成公共空间，主要功能以会展交流为主，将史家胡同博物馆的文脉引入到地块内，同时，对打通的道路进行修缮，保证景观的延续性。

就居民而言，场地内缺乏公共休憩空间，所以，选取了多种形式的公共空间嵌入：绿植花园、屋顶绿化等，构建完整的公共空间系统。

1. 前期分析

(1) 东城区地处北京市中心城区的东部，是北京文物古迹最为集中的区域。

(2) 强化首都风范、古都风韵、时代风貌，构建全覆盖、更完善的历史文化名城保护体系。

(3) 挖掘近现代北京城市发展脉络，最大限度保留各时期具有代表性的发展印记。

(4) 把保护历史文化名城作为第一任务，使东城区成为中国传统文化和古都风貌的集中展示区。

2. 问题研究

什么是文化？

人=土壤
树=文化
人+树=历史街区

文化是历史的沉淀物，它代表着一个时代的特色，反映了一个地区的风貌，承载着人群的集体记忆，是历史街区的灵魂所在。在城市发展的长期过程中，不同阶段的不同特征被继承与发展，才有了深厚的文化底蕴。

通过对地块的分析发现：文化二字不是简单的物质或非物质所能定义的，它所包含的是历史变迁的动态过程。人们常常片面地认为留住建筑的基本样子就是留住了文化的根，却忽略了在历史变迁的过程中，人才是主体部分，文化是人类的根，但文化也是人所创造出来的，文化记录着人的活动，而人也是文化传承的载体。

1) 老龄化严重

楼房

四合院

旧城区内青壮年人流失，遗留下老人与儿童。

2) 与城市发展脱节

现代化

商圈

旧城区

距离高端商圈很近，地块却没有得到很好修缮维护，发展与城市脱节。

3) 与城市发展脱节

东四南地区

地块外沿街
商业阻隔

王府井商圈

王府井商圈与东四南地区内的商业没有很好的衔接，导致引流能力弱。

4) 文化断层

NEWS

传统文化无法保护传承，新文化无法融入旧城区内，导致文化出现断层。

5) 风貌保存较差

虽肌理保存不错，但建筑现状较差，违建随处可见。

6) 与城市发展脱节

增加公共空间，丰富居民的日常活动。

3. 现状分析

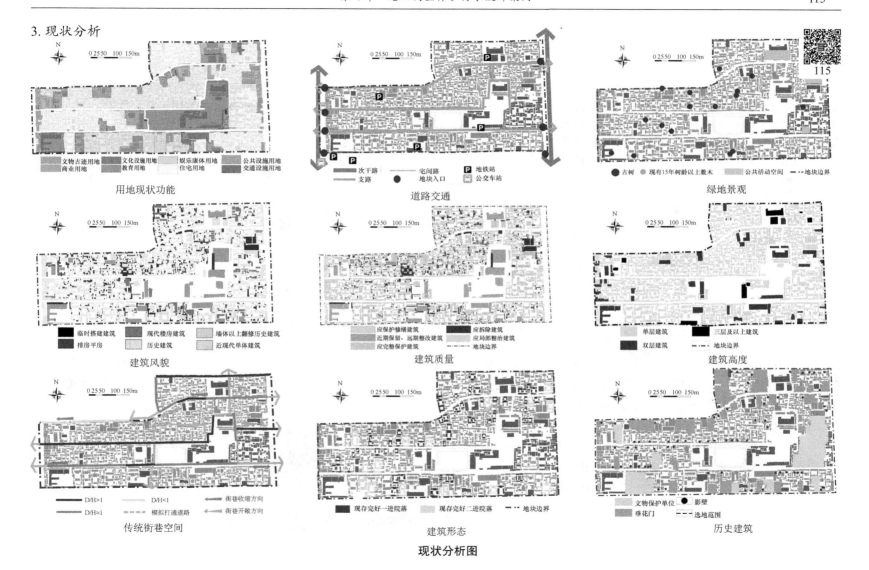

现状分析图

4. 文化挖掘

1) 建筑文化

东四南街区主要是以成片的四合院住宅为主，具有浓厚的北京传统风貌特色。绝大多数居住用地为单层合院式建筑，有价值的保护建筑用地约占总面积的 30%。

2) 名人文化

地块内现存知名场所 17 处，包括大量有价值的传统风貌四合院和名人旧居，如明瑞、刘墉、敬信等明清贵族旧居，章士钊、邓颖超等近现代领袖旧居，茅以升、梁实秋、钱钟书、杨绛、焦菊隐、叶子、金岳霖等文学家、艺术家、科学家和名医等旧居。

3) 宗教文化

东四南地区曾有许多的宗教场所，但很大一部分被居民占用，现已无存。

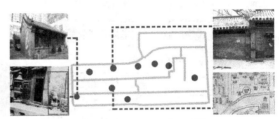

5. 基地分析

1) 提取肌理

选区的肌理相对丰富，但是过于紧密。造成这种现象的原因是私搭乱建，每户人家都有私自搭建小屋，传统的四合院很多都沦为了大杂院，使外部空间逐渐被侵蚀。

2) 高度分析

增加一些绿地及公共空间，置入各种文化生活，使文化生活成为居民生活的一部分，增强此地区居民的历史记忆。

3) 风貌分析

将建筑风貌分析图、建筑质量分析图以及建筑高度分析图由浅到深依次叠加。

4) 得到新肌理

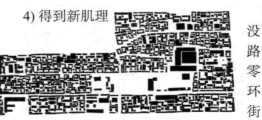

此地区的绿植较少，基本没有密集的绿色空间，只有路边几个很小的树及院落中零星的古树，所以，我们在环状步道重点布置绿植，为街区增添绿色。

6. 问题总结

(1) 停车设施紧缺，造成占用道路、交通堵塞。

(2) 部分古建筑被破坏、占用，还原难度大。

(3) 建筑质量较差，大部分建筑急需维护。

(4) 老龄化问题严重。

(5) 个人生活设施的建设配套不完善。

(6) 需在有限开发内做出特色。

(7) 周边现代高层风貌影响。

(8) 传统与现代的共存问题。

(9) 区域内部缺乏公共活动空间。

(10) 开发的同时要改善居民的生活环境，提高生活质量。

7. 命题解意

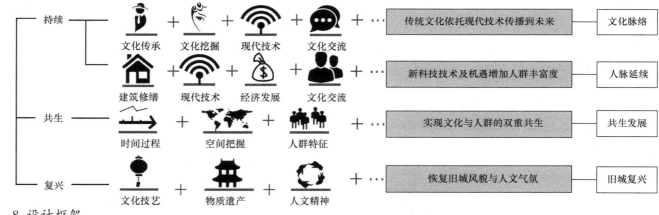

8. 设计框架

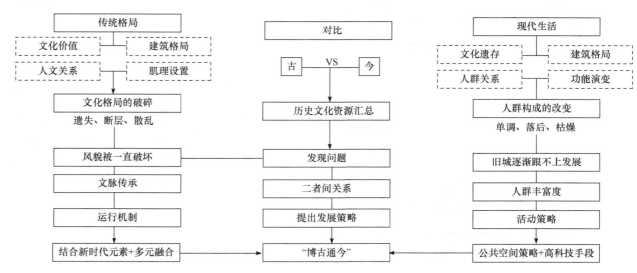

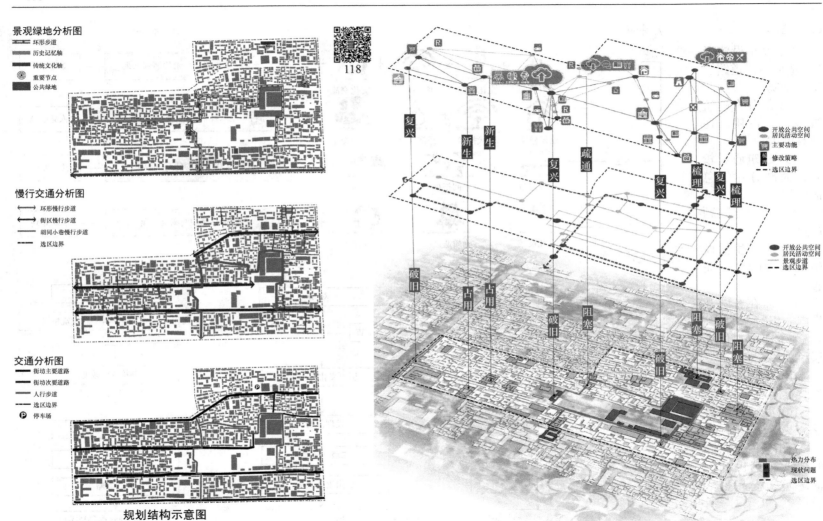

景观绿地分析图
- 环形步道
- 历史记忆轴
- 传统文化轴
- 重要节点
- 公共绿地

慢行交通分析图
- 环形慢行步道
- 街区慢行步道
- 胡同小巷慢行步道
- 选区边界

交通分析图
- 街坊主要道路
- 街坊次要道路
- 人行步道
- 选区边界
- P 停车场

规划结构示意图

复兴　新生　新生　复兴　疏通　复兴　梳理　复兴　梳理

开放公共空间
居民活动空间
主要功能
修改策略
选区边界

开放公共空间
居民活动空间
景观步道
选区边界

破旧　占用　占用　破旧　破旧　阻塞　破旧　阻塞　破旧　阻塞　破旧

热力分布
现状问题
选区边界

9.设计亮点

通过在不同节点处嵌入功能盒子完善场地内的公共空间，构建公共空间系统。同时，赋予公共空间不同的服务对象，在不同空间维度中增加地块内活力。

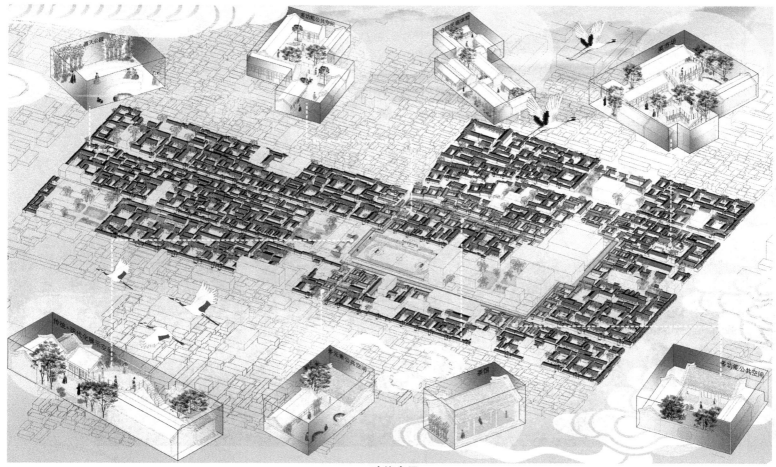

功能盒子

4.4 历史遗存重唤城市风采——东四历史街区 II 项目

鸟瞰图

　　东四历史街区因其固有的建筑形态和肌理，难以融入现代城市，旧城改造工程应运而生。过于粗犷的改造方法及大拆大建的行为，对历史街区无疑是一种毁坏，重塑出来的历史街区是现代城市的产物，失去了历史的原真与厚重。

　　本设计以磁性空间理论为依据，重点解决地块内老龄化、年轻人流失、公共空间不足、胡同未来如何可持续发展等问题。大到空间轴线体系、院落的弹性使用及街巷空间的改造提升，小到微小空间、胡同角落，通过整合原有磁性因子，有规律的置入新的磁性因子，用一缕磁感线——健身步道串联起一个个磁性因子，人们通过健身步道能够走遍日常生活中大大小小的公共空间。

121

1. 东四南的历史和现状

东四南文化精华区包括史家胡同片区和工人文化宫，北侧到前炒面胡同和前拐棒胡同，东侧到朝阳门南小街，南侧到干面胡同，绕过国赫宫东路连接史家胡同，西侧到东四南大街，是集中体现老北京平民文化、商业文化、士人文化的场所。

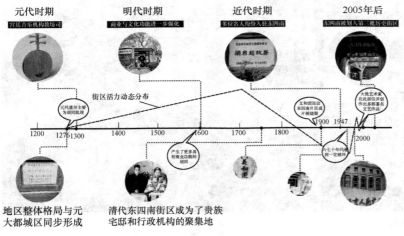

历史文化发展分析图

戏曲音乐文化　　商业文化　　贵族文化　　名人文化　　文艺文化　　宗教民俗文化

文化种类分析图

| 1330 | 1550 | 1819 | 1920 | 2014 |

历史沿革图

北京历来有"东富西贵"一说。由于商贾虽有钱而无政治地位，在等级制度森严的封建社会里他们的住宅是不能僭越"法式"的制约。因此，在面积上、材料上、气魄上都无法与王公贵族大宅相比，只能是灰砖灰瓦、灰门脸，但其毕竟富有，因此，也有别于平民的住宅（如南城保护区），在东四一带形成了成片的、整齐的、质量较高的四合院住宅街区。

中华人民共和国成立以后，人民政府每年拨出巨款用于危房维修，但还是杯水车薪，只能解燃眉之急。地震、私搭乱建，更是雪上加霜，保护区及其周边地段存在着危漏房屋和长年失修的建筑，人口密度高，整体环境质量亟待提高。

东四南地区历史文化底蕴深厚，各方面体现显著。其中，建筑特色明显，保留着历史的城市肌理和街区风貌，保存着众多的历史遗存建筑，既有古色古香的中式建筑，又有华彩唯美的西式建筑。建筑类别更是多样，有寺庙、茶室、故居等。同时，文艺文化繁荣也是东四南文化的特点之一，汇聚了众多老艺术家和名人的故居等。

东四南地区自元代以来积累了深厚的文化内涵和丰富的历史遗存，各类遗存保留着鲜明的时代特征。元代遗存主要为胡同肌理，明代为胡同名称，清代为大量宅府衙署，民国时期为北洋政府内务部及众多名人旧居，近代则为多家知名机构和单位大院宿舍。这些遗存不但记录了东四南地区街区功能、建筑形态的演变，更映射了北京城市的发展历程。

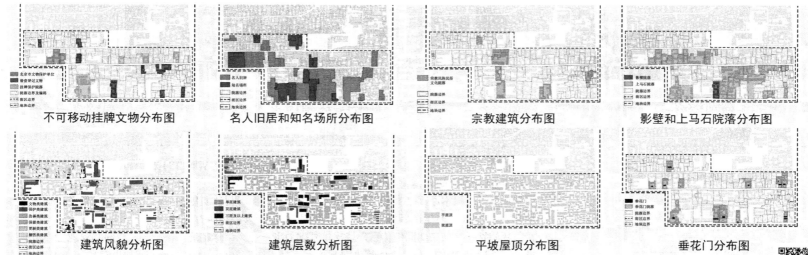

不可移动挂牌文物分布图　　名人旧居和知名场所分布图　　宗教建筑分布图　　影壁和上马石院落分布图

建筑风貌分析图　　建筑层数分析图　　平坡屋顶分布图　　垂花门分布图

2. 建筑风貌

东四南历史文化街区是北京市第三批历史文化街区之一，地处北京城中东部，隶属于朝阳门街道办事处，自元代形成至今几乎完整保存，是北京历史文化名城和北京老城整体风貌的重要组成部分。街区内胡同肌理真实传承、建筑遗存类型多样、机构云集且职能重要、名流聚居社区繁荣，是北京传统建筑发展演变的百科书，是京畿职能的重要承载区及思想活跃、人文内涵丰富、生命力旺盛的传统社区。

随着时间的演进，东四南历史文化街区在人口密度、人口结构、使用功能等方面发生了较大变化。出于工作和生活的需要，街区内出现了大量新建、改建和扩建等建设活动。由于缺乏有效管理和统一修缮标准，对街区传统风貌产生了不良影响。

根据建筑的风貌和历史价值，将所有建筑进行分类统计。按照建筑风貌的优劣分为国家级或市级文物保护单位、具有一定历史文化价值的传统建筑和近现代建筑、与传统风貌比较协调的一般建筑、与传统风貌比较协调的现代建筑及与传统风貌不协调的建筑。

大部分的建筑保持和延续了历史街区传统的风貌特色，少部分建筑的风貌破坏比较严重。区内居民私搭乱建现象十分普遍，很大程度破坏了建筑群和街区的整体风貌，也破坏了传统院落的肌理。很多现代化的商铺立面风格与传统风貌风格迥异，分布在内的小商店、公共卫生间等建筑风貌也不佳，与整体风貌不协调的建筑有些结构质量较好，如同现状建筑质量一样，给后期规划设计带来了挑战。

历史   从前   迁出   拆除   重塑   改造   …

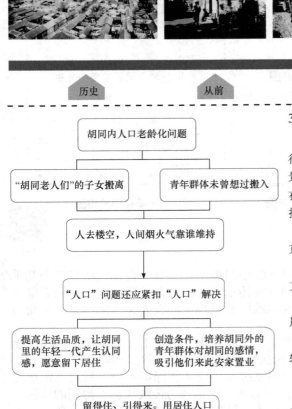

3. 问题提出和分析

胡同文创、胡同博物馆等之所以能在当下办得有声有色，根本原因是其有胡同原住民的生活图景存在。但二三十年过后，当胡同老人们已然不在，我们靠什么来为胡同的传承发展提供基础的支持？下面通过 SWOT 分析来回答该问题。

S—Strengths（优势）：(1) 东四南街区位于北京二环内，交通便利，资源丰富。

(2) 历史文化悠久，有戏曲文化、名人文化、文艺文化等，值得传承。

(3) 毗邻东四北、张自忠路南历史街区，胡同风貌好。

(4) 名人故居比较多，保存完整的大院落比较多。

(5) 史家胡同的文化社区发展模式较好。

W—Weaknesses（劣势）：(1) 基地内一些传统建筑保护不善，私搭乱建现象比较普遍。

(2) 历史文化和传统习俗没有得到发扬和继承。

(3) 基地内的基础设施不够完善，道路停车占道现象严重。

(4) 基地内老龄化人口比重较大，缺乏年轻人群和活力。

(5) 基地内缺乏公共空间和绿地。

O—Opportunities（机会）：(1) 基地东西两侧临近城市道路，改造提升后能够发展沿街商业。

(2) 延续史家博物馆的文化发展模式，传承该地区的历史文化和传统文化。

(3) 名人故居多，可以带动旅游业的发展。

(4) 引进富有活力的业态可以激活基地的活力，达到可持续发展的目标。

T—Threats（威胁）：(1) 如何在保护传统胡同院落风貌的同时，植入新的活力空间。

(2) 如何在满足原住民需求同时，吸引年轻群体来此落户。

(3) 如何解决基地内停车问题，人车混行，交通拥堵问题。

(4) 如何实现文化的不断传承与创造。

4. 设计策略

6. 交通策略

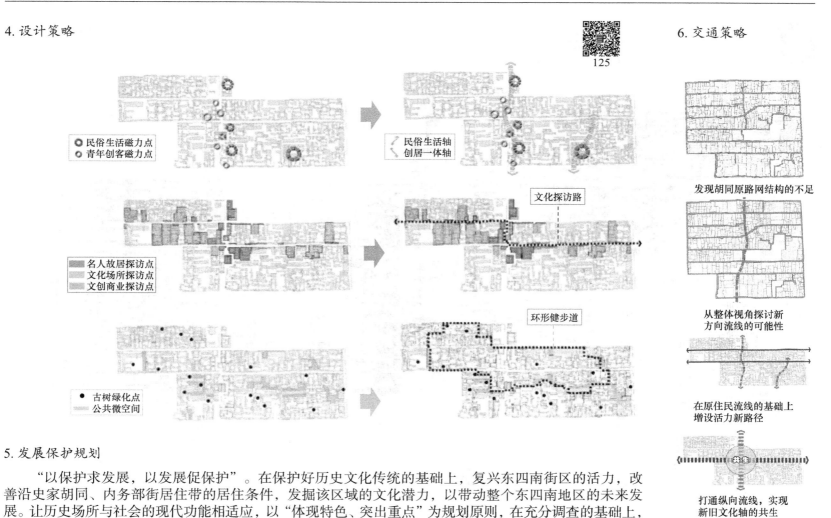

发现胡同原路网结构的不足

从整体视角探讨新
方向流线的可能性

在原住民流线的基础上
增设活力新路径

打通纵向流线，实现
新旧文化轴的共生

5. 发展保护规划

"以保护求发展，以发展促保护"。在保护好历史文化传统的基础上，复兴东四南街区的活力，改善沿史家胡同、内务部街居住带的居住条件，发掘该区域的文化潜力，以带动整个东四南地区的未来发展。让历史场所与社会的现代功能相适应，以"体现特色、突出重点"为规划原则，在充分调查的基础上，对地段分类分级，制定针对性、可操作性强的规划控制导则，提出可行的保护政策和管理方法。

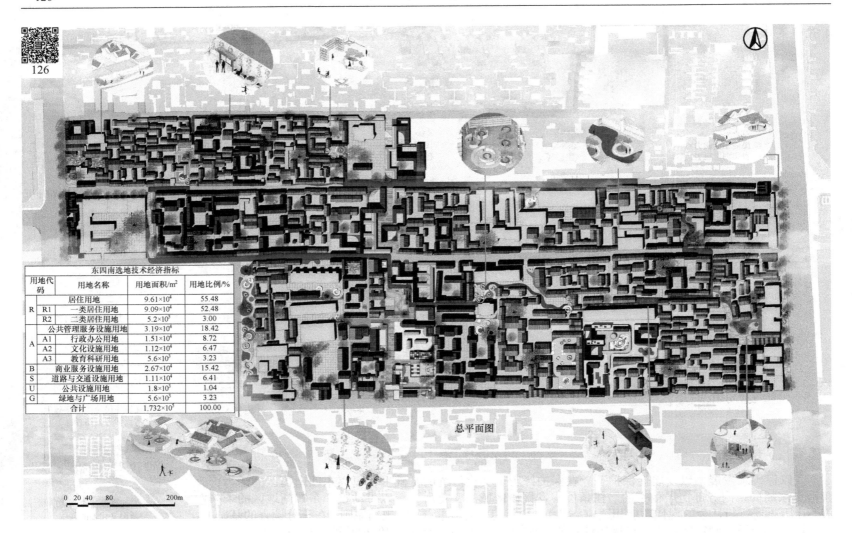

东四南选地技术经济指标			
用地代码		用地名称	用地面积/m²	用地比例/%
R		居住用地	$9.61×10^4$	55.48
	R1	一类居住用地	$9.09×10^4$	52.48
	R2	二类居住用地	$5.2×10^3$	3.00
A		公共管理服务设施用地	$3.19×10^4$	18.42
	A1	行政办公用地	$1.51×10^4$	8.72
	A2	文化设施用地	$1.12×10^4$	6.47
	A3	教育科研用地	$5.6×10^3$	3.23
B		商业服务设施用地	$2.67×10^4$	15.42
S		道路与交通设施用地	$1.11×10^4$	6.41
U		公共设施用地	$1.8×10^3$	1.04
G		绿地与广场用地	$5.6×10^3$	3.23
合计			$1.732×10^5$	100.00

总平面图

0 20 40 80　　　200m

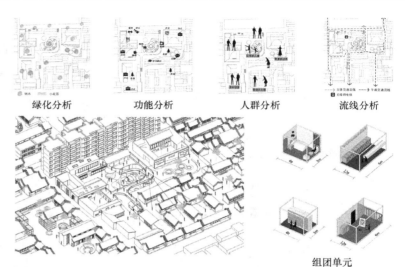

| 绿化分析 | 功能分析 | 人群分析 | 流线分析 |

组团单元

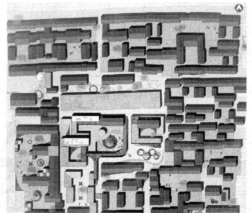

7. 节点设计

创客地块节点设计在充分尊重场地原有旧建筑的前提下，形成下沉广场、地面广场、空中游廊立体空间体系。能够以较低的姿态去回应旧建筑，同时，获得多种角度观察旧建筑的体验，既注入了新活力，也保留了历史传统风貌。

8. 院落改造

1) 共同养老院落改造

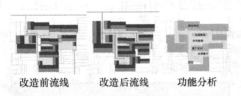

改造前流线　　改造后流线　　功能分析

共同养老改造院落平面图

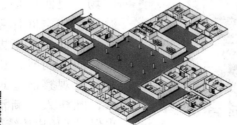

共同养老院落剖透视图

2) 青银共居院落改造

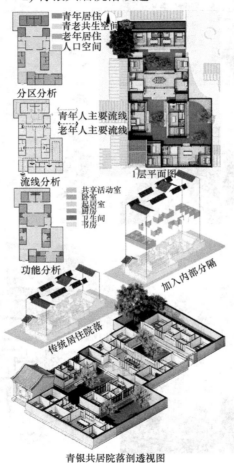

青年居住
青老共生空间
老年居住
人口空间

分区分析

青年人主要流线
老年人主要流线

1层平面图

流线分析

共享活动室
卧室
起居室
厨房
卫生间
书房

功能分析

传统居住院落

加入内部分隔

青银共居院落剖透视图

3) 新型居住区院落改造

居住模式1层平面图

公共活动模式

生态草坪

多功能
晾晒架
休闲桌椅
滑梯游乐
带桌座椅
长凳

楼梯+
观景台
桌游桌
带桌座椅
种植池座椅
纳凉
廊架

活力发生器爆炸图

新型居住区院落剖透视图

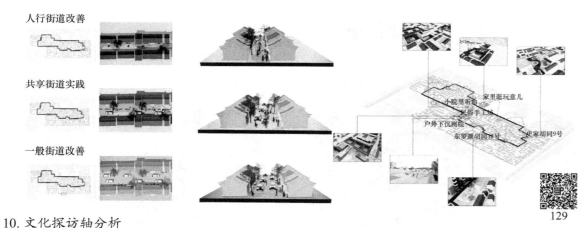

人行街道改善

共享街道实践

一般街道改善

9. 健身步道分析

将原有道路改为单向行驶车行路，同时改变道路铺装，加宽人行道区，增设座椅、花坛、墙面绿化、自行车停车区等。

增设休憩座椅和花坛，利用墙面设置立体绿化和布告栏，并设置一定趣味装置，激活胡同。

双向行车，在路边增设座椅和花坛，改善原有的胡同空间，增强对外联系性。

129

10. 文化探访轴分析

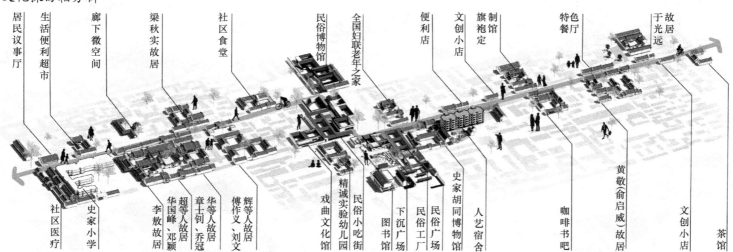

第5章 老工业区绿色重构设计案例

5.1 陕西钢铁厂的华丽转身——老钢厂创意产业园项目

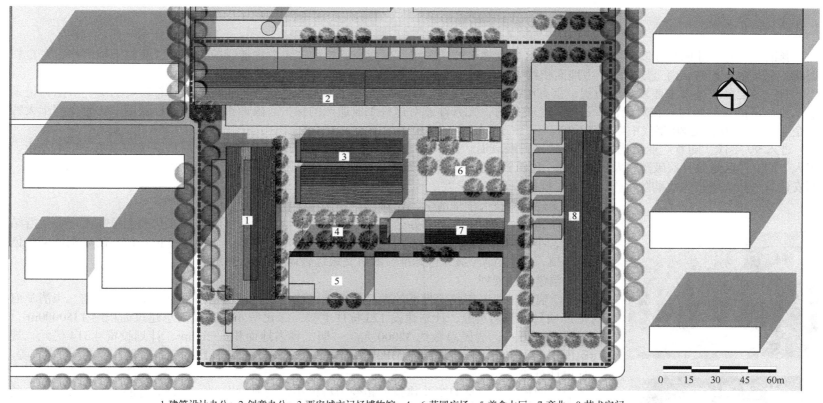

1-建筑设计办公；2-创意办公；3-西安城市记忆博物馆；4、6-花园广场；5-美食大厅；7-商业；8-艺术空间

　　老钢厂创意产业园（简称老钢厂）重构方案保留了陕西钢铁厂原有的特色和价值，突出了旧工业建筑从繁荣到废弃，从衰落到重生的历史演变。体现出了对人文、历史、环境的深刻反思，使本来已经废弃的旧工业建筑获得了重生，成功地营造了浓郁的产业文化氛围。

　　在绿色重构过程中，为了满足绿地率的要求，对原厂区存在的工业价值低的小型建筑物进行改造，例如，对临时的车库、简易车间和小型仓库等小型建筑进行拆除，保留原有的林木，并对场地的地形进行重组和绿化，为公共景观区和新建建筑物的建设提供了空间和场所，形成优美的厂区公共绿地环境。

1. 陕西钢铁厂故事

老钢厂创意产业园位于陕西省西安市新城区幸福林带改造区域，以西安建筑科技大学华清学院为核心，西起幸福南路，东至规划路，北至咸宁东路，南至规划路，占地面积约 1220000m²，建设和入园项目规划总投资 400 亿元。

旧厂区记录了城市工业发展的历程，富有浓郁的工业气息，厂区大部分建（构）筑物、工业设备都具有珍贵的历史价值，记录了工业厂区的发展历程。在对老钢厂进行绿色重构时，尤其注意对这些工业遗产的保护。陕西钢铁厂（简称陕钢）曾是全国十大特钢企业之一，20 世纪 80 年代中期达到顶峰。

进入 90 年代，随着产业结构的调整，陕钢日渐衰退。从 1998 年企业申报破产到 2001 年陕西省政府批准破产以来，生产停止，工人下岗，厂区景象日益破落，大量的土地、建筑被闲置和废弃，如何在原有基础上进行新旧功能置换，是一个重要课题。2001 年，西安建筑科技大学策划收购陕钢作为其第二校区——华清学院。

1) 西安建筑科技大学华清学院规划

将设计和开发产业、生产和办公服务产业及西部地区具有影响力的文化和创意技术产业集群结合在一起，小镇定位为西安的城市时尚名片，打造生产、生活、生态"三位一体"的老钢厂文化创意科技小镇，国家 AAA 级景区标准、城市文旅综合体、工业博物馆。

2) 华清学府城规划

华清学府城是西安市政府批准的商品住宅社区建设项目，也是西安市首批学府住宅。华清学府城房地产项目分 6 期实施，计划建设 123 栋住宅楼，绿化率 43%，规划总建筑面积约 1350000m²，户籍总数约 1 万户，居民总数约 32000 人。一期工程占地面积 83200m²，计划投资 4.314 亿元，规划建筑面积 244500m²，户籍总数约 2380 户，居民总数约 7616 人，社区内配备有幼儿园、小学学校等。

3) 设计意图

老钢厂创意产业园是旧工业建筑群转变为特色小镇的典型案例。结合原有的交通系统和建筑的结构特点，在规划设计中将新老建筑融合，保持原有工业特色，使用功能满足需求。在转型过程中，坚持历史背景和场地文化的延续、最大化旧工业建筑改造和再生利用的设计原则，创造了满足创意办公、创意集市、信息交流、产业研发、自主创业的功能空间。根据老钢厂的生态环境特点，结合科技小镇建设所需的户外空间，设计应创造良好的外部空间环境，赋予新的活力和新的使用功能，同时，也改善厂区周围的环境质量。这项转型研究将为旧工业建筑向科技特色小镇的转变提供宝贵的经验和参考价值。

历史建筑图

2. 基地周边概况

　　老钢厂周边主要用地功能为华清学院校园和华清学府城居住区，已建有医院、购物商店、羽毛球馆、办公区等，周边其他用地处于待开发状态。

　　道路基本沿用原有的园区道路，部分路网重新规划。基地与周边建筑及环境充分融合，形成产、学、研、居一体的社区。

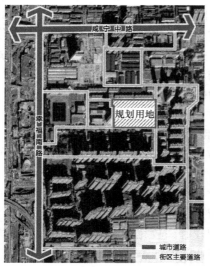

周边交通分析图

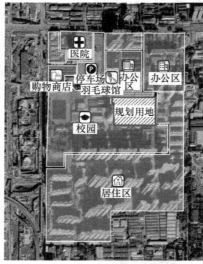

周边功能分析图

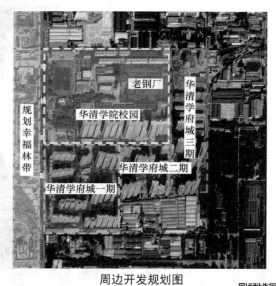

周边开发规划图

西安建筑科技大学华清学院

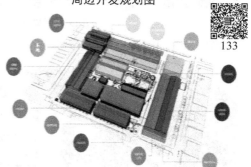

老钢厂创意产业园

133

3. 改造规划

厂区原有路网被保留

6号楼改造前后对比图

1号楼改造前后对比图

原厂区内道路宽敞且具有较大的回转半径,有足够的承载能力,主干道保存完好,道路质量较高,路两侧种有高大行道树。在改造过程中,原厂区良好的道路得到充分利用,主要道路得到维护,并根据功能划分设置了多条辅助道路。同时,对科技小镇中的所有林木进行修剪、测量和定位,在建设中尽量减少对树木的破坏,并重新安置需要搬迁的树木。

6号楼是由原设备车间再生重构而成。原设备车间是当时厂区最为先进的设备车间,厂房结构和行车都是德国原装高速拔丝设备所配套的,具有当时先进的恒温配电室、数控无尘生产车间。车间建于1965年,为单跨钢筋混凝土排架结构,车间共17跨,总长102m,宽20.3m。该厂房体量非常大且厂房结构基础较好,故充分利用原工业厂房结构,将其改造为老钢厂创意产业园的标志性建筑,对其外立面铺贴橙红色瓷砖饰面,部分墙体改造为镂空设计,极具现代工业气息。厂房于2013年10月改造完成,入驻多家创意文化企业。

创意园较大程度上利用了原有的工业厂房建筑,1号楼是由原生产纤细钢丝车间重构而成。原车间建于1965年,为单层砖木结构,车间共12跨,总长47.9m,宽度11.9m。采用修旧如旧的原则对其进行外立面改造,原厂房外貌基本保留,最大程度还原了原车间建筑外貌,于2015年2月改造完成。

4. 老钢厂设计介绍

交通分析图

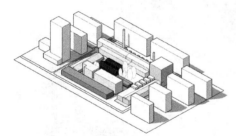

功能分析图

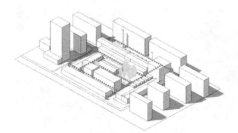

景观分析图

老钢厂设计效果图

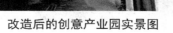

改造后的创意产业园实景图

5.2　军工厂的别样新生——长安酒文博园项目

　　长安酒文博园项目以原风雷仪表厂厂区为建设基础，通过再生利用工业遗存，使风雷仪表厂得以保留并重新定义、焕发生机。引入酒博览、文创、生态、康养等元素，使原厂区充分利用自身资源优势，结合外界需求，形成了多元素综合发展的文化创意园区，为西安发展增添了一处独特的风景。

　　风雷仪表厂历史文化深厚，厂区内建筑具有特殊的年代感，是时代影视剧的理想取景地。风雷仪表厂场地宽阔且建筑结构可靠性高，给大规模的场景布置和拍摄带来极大的便利。同时，厂区地处偏远，且废弃许久，人员流动较少且厂区氛围幽静，适合影视剧的拍摄创作。

1. 项目背景

　　长安酒文博园项目基地位于陕西省西安市长安区子午街道办水寨村村南，原为风雷仪表厂，厂区总占地面积约 70000m²，遗存建筑 68 栋，多为六七十年代建造，结构完整。地处西北交通门户，境内山川连绵，有陕北高原和陕南山地，这种地形特点符合当时三线建设"分散、靠山、隐蔽"的原则，可借此地形优势备战备荒，保存实力。

　　风雷仪表厂始建于 20 世纪 60 年代，苏联和我国关系恶化，为预防战争爆发，我国兴起三线建设，在离边境较远的内陆腹地，靠山隐蔽的地方建立工厂。曾是全国钟表核心企业的中心，承担着全国民用钟表行业精密检测仪器生产的重任。

　　因此，从我国工业较发达地区搬迁过来许多大型工厂，并调集了一批技术骨干来三线企业安家落户。风雷仪表厂就是在这种历史背景下从上海迁移过来的"秘密"工厂。当地人曾把风雷仪表厂称为"小上海"。

　　从 70 年代起风雷仪表厂贯彻"以民养军"精神，开发研制了第一个全国统一机芯手表——熊猫牌手表。还承担战斗机坦克舰艇的计时钟生产，保密代号 618 厂，秘密生产着当时最先进的武器和设备。

　　经过多年的社会发展和城市变革，风雷仪表厂虽已失去了它昔日的功能与辉煌，但它留下来的工业遗存和工业精神是一笔丰厚的物质及文化遗产，成为了历史和发展的见证者，同时，也蕴含着大量的城市存量，发展动力值得我们去发掘。

1) 酒

酒文化在中国源远流长。唐代长安是酒类生产中心，以出产美酒闻名全国，其中，以西市最为著名，唐代十三种名酒之一的西市腔即产于此。"曲中出美酒，京都称之"，长安作为都城，各地名酒荟萃，酒文化丰富，流传至今。著名的长安酒厂便诞生于此。

2) 长安

长安是西安的古称，是历史上第一座被称为"京"的都城，也是历史上第一座真正意义上的城市，建都朝代最多，建都时间最长，影响力最大。长安作为中国首都和政治、经济、文化中心长达一千多年，又是丝绸之路的东方起点和隋唐大运河的起点，在历史长河的发展中留下了大量的文化艺术作品。

3) 风雷仪表厂

风雷仪表厂建于 20 世纪 60 年代我国三线建设的大潮之中，担任了我国重要的建设责任，当地人曾称为"小上海"。如今，风雷仪表厂虽失去了其生产的作用，但是园区风貌与建筑基本保留了昔日的生动与辉煌，沉淀了其拼搏的精神，独特的工业风格带来了不一样的感受。

2. 设计方案展示

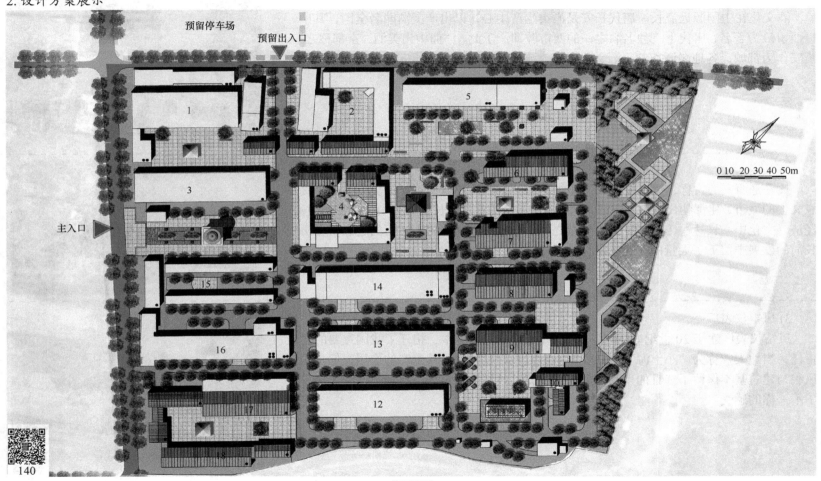

总平面图

1-媒体交流空间；2-文创空间；3-诗酒礼堂；4-接待服务中心；5-酒文化博物馆；6-酿酒工艺馆；7-酒道馆；8-诗酒文化艺术馆；9-酒文化传承中心；10-酒窖；
11-景观构架；12~14-特色康养体验楼；15-园区办公；16-大学生就业孵化办公楼；17-仓库；18-餐饮服务中心

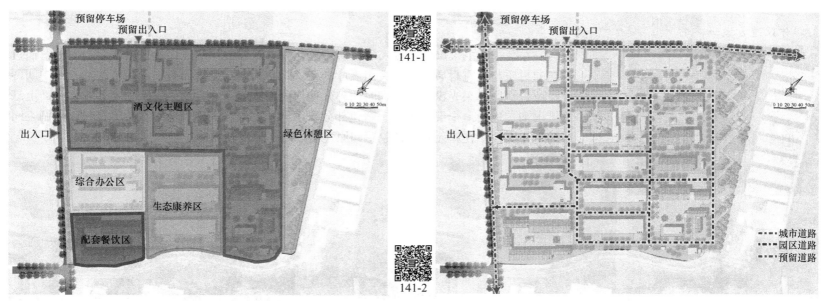

功能分区图　　　　　　　　　　　　　　　　　　　　　　道路分析图

　　本项目拟依托厂区文化与当代特色建筑，形成以品质生活为主题，以酒文化、茶文化为主、影视文化为辅的高品质城市会客厅。产业新颖多元，配套设施齐全，不仅可以满足剧组拍摄，还配以齐全的娱乐服务设施、结合优美的自然环境吸引游客前来休闲度假。

　　秦岭自然风光为园区提供生态环境，长安文化轴线，贯穿三大功能分区。三大功能分区构成一个"品"字："以酒会客，品味生活""以茶会友、品味自然""以书会己，品味人生"。

　　本项目主要依托"长安酒业"两大功能业态（长安酒庐、长安茶仓），园区良好环境两大功能业态（樊登书院、影视天地），增强市场的竞争力。园区内的配套服务区、观景花园、行政办公区、中心广场等能够更好地提升园区内的生活品质。

　　本项目方案依托秦岭优渥的自然资源，以水为脉，打造园区风景。方案提倡保留园区外部环境与建筑外立面，尽可能保留更多的影视拍摄空间和园区原始文化，对外部环境做减法；同时，对内部空间尽可能高效利用，适当进行夹层等改造，对内部环境做加法。

3. 单体改造方案一

　　方案一在主入口位置嵌入了玻璃体块，为室内外空间的连接起过渡作用，同时，通过新的材质与原有材质对比，突出展厅的主入口空间。对厂房原有立面进行改造，在中间两跨位置将原有采光窗扩大的同时向外延伸形成虚空间，并且作为一个独立元素从立面上悬挑出来，成为一个展示橱窗。新建部分采用黑色钢板、磨砂玻璃、红砖等材料以强调空间的工业属性，在新元素的抽象感和原建筑的结构感之间创造一种强烈的对比。

改造更新效果图（一）

4. 单体改造方案二

　　方案二以突出长安酒文化为本，以现有的元素为基调，以现有资源最大化利用为方针，加入了酒窖、酒展览、酒制作等功能的新空间，将现有厂房改造为依托酒文化而焕发新活力的园区。改造方案是少量翻新，去除外立面上的污渍，修补墙皮。设计时，参考了项目内部现有的修缮痕迹，将破旧的窗户更换为木质边框的窗户。厂房现有的主入口较小，不适合作为大空间的建筑入口使用。设计方案延续了既有的木质元素，在主入口增加"木盒子"嵌入体块内部。同时，在一侧可以增加文字标识，园区内部的其他功能也可以通过文字来强调建筑用途。

143

改造更新效果图(二)

5.3 创意昆明——871 文化创意工场展馆区项目

　　871 文化创意工场项目充分尊重企业原有的历史文脉及工业特质，紧紧抓住云南建设"民族团结进步的示范区，生态文明建设的排头兵，面向南亚、东南亚辐射中心"的战略机遇，以"互联网＋创意＋工业＋生态＋民族＋旅游"的综合发展模式，将项目打造成文化创意产业园区综合体，成为云南的"春城大厅"。

　　871 文化创意工场项目在不改变原昆明重机厂地块工业用地性质及权属的情况下，最大限度保护原有场地和历史风貌独特的厂房，适当改造基础设施、外部环境、内部结构，利用老旧厂房所体现的历史文脉和特色，建设国内一流、国际知名的文化创意产业园区。

1.现状分析

871旧工业厂区内包括凸轮轴车间、锻压车间、金属结构车间、大金结车间、铸钢铁分公司、水压机跨、原物资露天仓库、中心花园、冶金分公司、停车场、办公大楼、减速机分公司、拉丝机分公司。

沣源路主入口　　　　　　青松路次入口

停车区　　　　　　基地内部(一)

龙泉路公交站　　　　龙泉路　　　　龙头街地铁站　　　基地内部(二)　　　基地内部(三)

沣源路　　　沣源路龙泉路交叉口　　　青松路　　　建筑外立面(一)　　　建筑外立面(二)

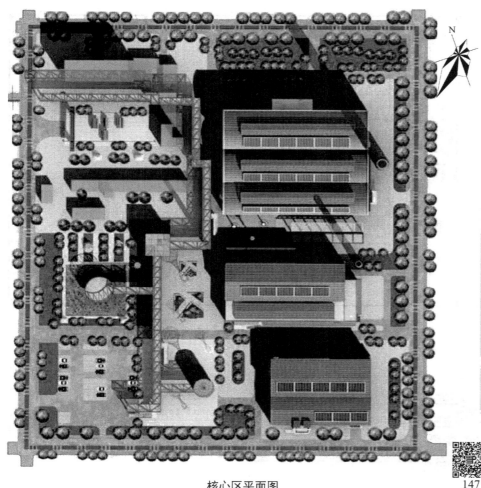

核心区平面图

2. 设计意向

　　纵横交错的管道、陈旧的老车间、充满文艺气息的画廊、色彩鲜明的涂鸦作品等作为盘龙区传统机械制造企业向文创产业转型的见证，2016 年正式投入运营的 871 文化创意工场正向昆明文化地标迈进。

　　871 核心园区由水压车间、热处理车间、设备维修车间组成。水压车间是三跨建筑，北侧一跨拟建设为工业博物馆，南侧两垮拟建设为会展中心。

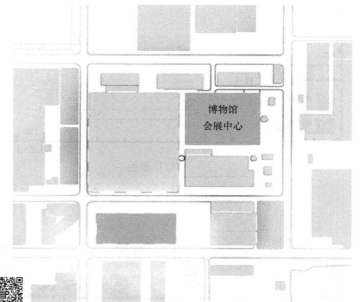

博物馆与会展中心位置图

3. 设计方案展示

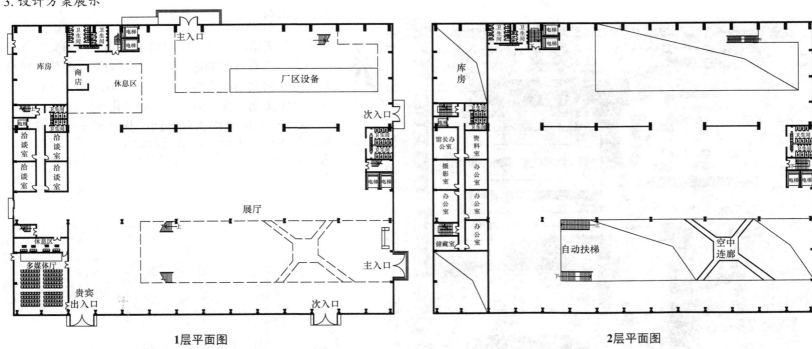

1层平面图　　　　　　　　　　　　　　　　　　**2层平面图**

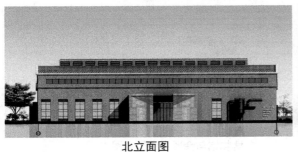

北立面图

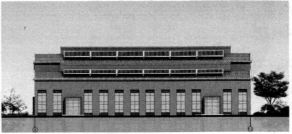

南立面图

工业博物馆的设计既有工业建筑的厚重感，又有博物馆特色的时尚感。会展中心设计采用玻璃装饰，既符合会展中心的现代感，又能与工业建筑形成视觉对比。

4. 规划设计说明

水压车间改造为博物馆与会展中心，总建筑面积约 10345.76m²，改造充分利用现状，高效利用空间。博物馆的入口设计既有工业建筑的厚重感，又有博物馆特色的时尚感，造型独特。

博物馆 1 层，让人叹为观止的水压机等大型机器作为镇馆之宝，可以让游客更好地理解昆重集团的工匠精神。2 层中间通高，气势恢宏，游客可以在 2 层俯观水压机。

会展中心的入口设计采用大面积玻璃装饰，既符合会展中心的现代感，又能与工业建筑形成视觉对比。会展中心共设 3 层，1 层十分宽敞，设置贵宾区和货运区，贵宾区中设置多媒体报告厅、贵宾休息区和洽谈室。2、3 层是办公区，满足各类展商的需要。2 层中间架空，特设空中廊道，游客可以在空中廊道全方位俯瞰下方与游客进行视觉沟通。水压车间的西侧，是办公区、货运仓库和贵宾区。

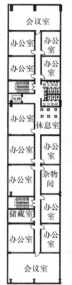

3层平面图

室外环境图

西立面图　　　　　　　　东立面图

5.4　活力再造——871 文化创意工场餐饮区项目

　　871 文化创意工场的建筑内部空间尺度非常大,部分建筑、人与空间的比例是令人震撼的。这些极具特色的建筑内部空间在规划设计中都要根据自身特点找到合适的定位。此区域依托工业遗址打造独具特色的工业主题体育餐饮区,讲述中国饮食的发展历程。

　　云南各民族的饮食文化具有浓郁的绿色餐饮色彩,非常符合现代人的饮食需求,例如,白族的三道茶、傣族的香竹饭、哈尼族的长街宴、傈僳族的打列壳和同心酒等。同时,文化创意工场具有潜在的商业价值,可置入餐厅、办公室、展览区、体育场、创意工作室等多种功能,打造成综合性的创意产业园区。

场内的植物已经变得杂乱无章，需要重新设计。为了不影响对建筑及建筑外立面的设计，需要对部分建筑周边的植物进行处理。原本的道路交通痕迹明显，但由于闲置时间较长，已被植物覆盖。厂房常年没有处理和改造，一些厂房已经破损，但厂房的框架是个很好的再生利用元素。

该区域厂房内部原材料部件较多，在改造和设计时可以取材利用。

可利用的原材料与小品

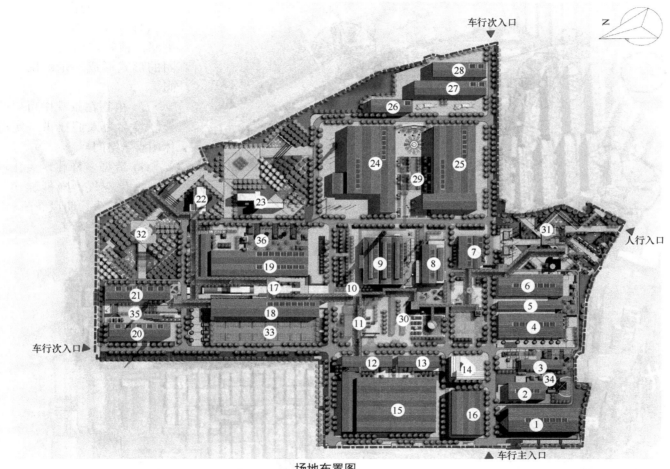

打造场地时，既要考虑将云南特色展示给游客，又要考虑场地内的配套服务设施。因此，利用厂房的大空间，配以体育、休闲、餐饮等功能，丰富场地内容，不仅可以为游客提供便捷服务，而且可以向外来游客展示云南特色。

153

场地布置图

1-特色饮食文化体验馆；2-中心儿童游乐体验馆；3-特色食材种植空间；4-生态有机主题餐厅；5-风味特色小吃；6-工业主题餐厅；7-宴会大厅；8-室内演示厅；9-复合型商业综合体；10-观景平台；11-空中观景栈道；12-民族文化展览馆；13-工业产品展示馆；14-民族风情民宿；15-云南工业博物馆；16-室内体育运动场馆；17-交流广场；18-创意办公中心；19-创意工作室；20-艺术创意馆；21-手工品制作体验中心；22-花卉种植展示空间；23-特色建筑构件；24-汽车文化博物馆；25-汽车车友之家；26-汽车保养处；27-汽车维护处；28-汽车检修处；29-中心活动广场；30-休闲广场；31-休憩花园；32-特色花卉种植观赏园；33-室外停车场；34-狂欢广场；35-主题广场；36-生态广场

植物搭配的作用如下。

(1) 为了营造一定的视觉美感，植物与植物之间以组团的形式形成一定的围合空间。

(2) 植物在景观中可以改善环境，为人们提供一定的休闲娱乐空间。

(3) 造型多样化，美化环境，净化空气，降低噪声，减少水土流失，防风庇荫，维护生态平衡。

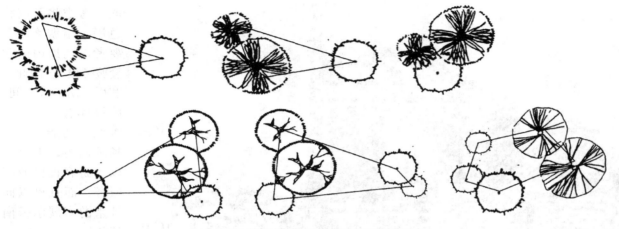

自然式植物种植方式图（3~5颗成组的形式）

视觉效果图

871 文化创意工场，满足了本地居民和外来游客的物质生活和精神生活需求，使得人与社会、人与自然、人与经济协调发展。将原来昆明重机厂的工人培训再就业，提升员工的文化艺术修养，增添新技能，更好地服务新业态下的经济活动，更好地服务在这里工作、生活、活动的人，实现个人的经济价值和社会价值。

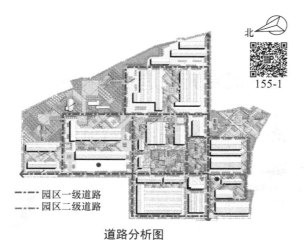

北

155-1

- ·-·-· 园区一级道路
- ·--·-· 园区二级道路

道路分析图

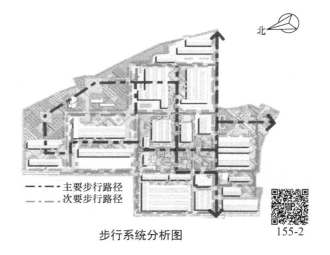

北

155-2

- ■-■-■ 主要步行路径
- ·-·-· 次要步行路径

步行系统分析图

棕榈	铁树	凤尾竹	悬铃木
石楠	龟背竹	香樟	银杏
沿阶草	杜鹃	麦冬	白三叶

植物分析图

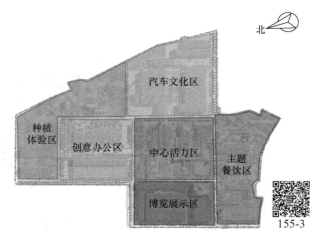

北

155-3

汽车文化区

种植体验区　创意办公区　中心活力区　主题餐饮区

博览展示区

功能分析图

第6章 村镇社区更新改造设计案例

6.1 巢起巢落——西岭村更新改造项目

　　西岭村是县级以上单位支持的新农村建设试点村。西岭人试图通过自己的努力，留住中华民族秀美的村庄聚落和山水格局，留住富有冬暖夏凉特色的窑洞乡土建筑，留住与之密切相关的宝贵文化，留住西岭人的"乡愁"。

　　西岭村整体建筑风貌保存较好，其中，质量较好的建筑主要集中在村口的公共服务设施聚集处，如村委会、文化园、活动中心等。此外，具有保护价值的窑洞民居在村庄局部形成了一条传统建筑风貌街。迁村而来的部分民居建筑质量一般，部分许久不住人的空心房质量较差。

1. 整体分析

1) 区位背景分析

西岭村位于山西省阳泉市市区东15km 处，属平定县巨城镇。村域面积 4.48km²。

西岭村区位优越、交通便利、土地资源丰富、自然环境优美、民风淳朴、崇文重教，素有农业种植和手工业并重的传统。

3) 基地用地分析

(1) 居住用地。居住用地为基地内主要用地，面积较大。建筑风貌为窑洞式传统民居。

(2) 工业用地。工业用地较少，只有两小部分，分布在北部。

(3) 绿化用地。绿化用地较连贯，与居住建筑结合布置，一般为宅间绿地和广场绿化，形式丰富。

(4) 商业用地。商业用地面积很小，也反映了场地内缺乏商业便民设施的现状。

2) 规划背景分析

(1) 美丽乡村建设。按照山西省改善农村人居环境工作规划纲要、山西省美丽宜居示范村三级联创活动方案的通知和山西省美丽宜居示范村建设指导意见要求，西岭村积极主动创建美丽宜居示范村。

(2) 周边道路建设。娘子关风景区周边旅游公路网建设将进一步完善旅游路网，为建设平定县全域旅游示范县创造良好的交通运输环境，带动景区发展。

(3) 乡村振兴。乡村振兴战略是习近平同志 2017 年 10 月 18 日在党的十九大报告中提出的战略。在乡村振兴战略实施的大背景下，农业农村经济发展迎来了重大战略机遇。

4) 基地问题总结分析

	基地优势资源整合		存在问题	初步解决对策
空间构成		窑洞＋院落式住宅，具有当地风俗特色	空间内向封闭，缺少公共活动空间	疏通基地道路系统，塑造有活力的公共活动空间
文化内涵		独特的"和"文化	文化元素不明显，产业元素不充分	疏通基地道路系统，塑造有活力的公共活动空间
功能结构		公共空间可改造性强，灵活多变	功能缺失，设施配套未成系统	多种功能结合，增加地区吸引力，使基地内部更加有活力
生态环境		基地位置优越，生态环境良好	缺乏系统的绿化、环境体系有待改善	安排绿地配置，形成有机生态体系，提升地块价值

5) 内部资源分析

传统窑洞住宅元素，是西岭村得天独厚的地域性特色，也是吸引人群前来游玩的重要因素。

传统民居

旧工业建筑作为一个独特的景观和商业开发点，后期可改造为文创区域。

工业遗存

6) 人口流动分析

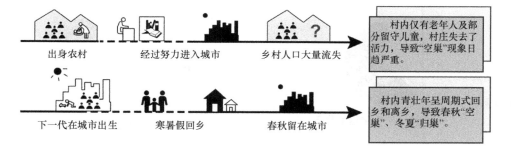

村内仅有老年人及部分留守儿童，村庄失去了活力，导致"空巢"现象日趋严重。

村内青壮年呈周期式回乡和离乡，导致春秋"空巢"、冬夏"归巢"。

7) 基地需求分析

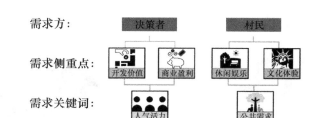

8) 村民问卷调查

询问对象		平时的活动范围	家里的收入来源	对村子里的基础设施满意程度	家中青壮年的去向
	王大妈	在村口附近活动	家人外出打工	基本满意，蔬菜靠自己种，生活用品需求由儿女满足	城市里打工
	刘大爷	龙湖广场钓鱼、散步等	家人在外打工、农业收入	一般满意，很多活动广场因距离或其他问题去的很少，利用率低	留在家照顾老人
	李阿姨	因照顾家中老人孩子，不经常远距离活动	家人外出打工	不太满意，村里没有大超市，去城里要坐很久的公交车，很不方便	城市里读大学
	张同学	在城里上初中，寒暑假回乡探亲	父母在城中工作	很不满意，没有可以满足需求的娱乐设施，平时能跟小伙伴玩的地方很少	城市里打工
	周同学	在隔壁的村子读小学	父母在村中养殖场工作	不太满意，没有儿童活动的滑梯、单杠等设施	留在村中工作
	李奶奶	因腿脚不便，在家门口附近活动	儿女赡养	基本满意，因为不怎么出门，觉得可有可无	城市里打工

9) 村民问卷调查结果分析

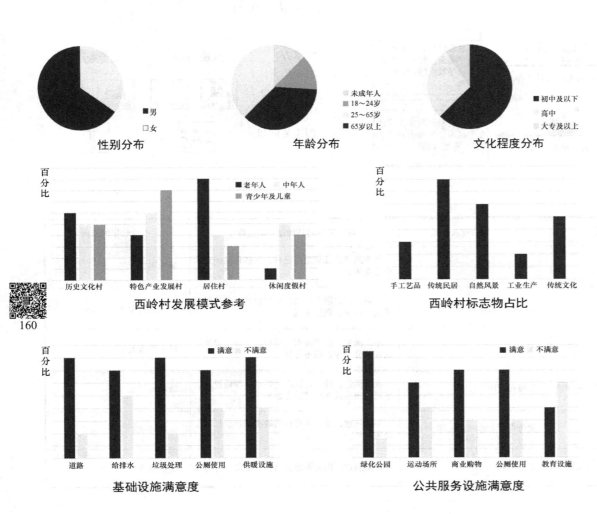

性别分布

年龄分布

文化程度分布

- 未成年人
- 18~24岁
- 25~65岁
- 65岁以上

- 初中及以下
- 高中
- 大专及以上

西岭村发展模式参考

西岭村标志物占比

基础设施满意度

公共服务设施满意度

10) 现状调研

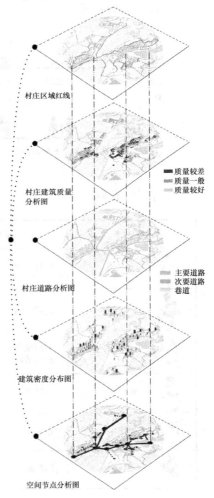

村庄区域红线

村庄建筑质量
分析图

- 质量较差
- 质量一般
- 质量较好

村庄道路分析图

- 主要道路
- 次要道路
- 巷道

建筑密度分布图

空间节点分析图

2.更新策略

(1) 疏通路网，使道路网更加完善，改善村里的交通状态，增加可达性，解决断头路问题。

(2) 更新公共活动空间，为现有的活力点增加基础设施，改善空间环境。

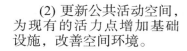

利用效率较低的平台	长期停用的陶瓷厂	缺少绿化的传统院落	荒乱的废石场

(3) 营造入口广场，扩大村子的入口广场三角地，打造具有标志性的主入口。

(4) 建筑功能更新改造，置入更有活力的公共空间，完善村内的便民设施。

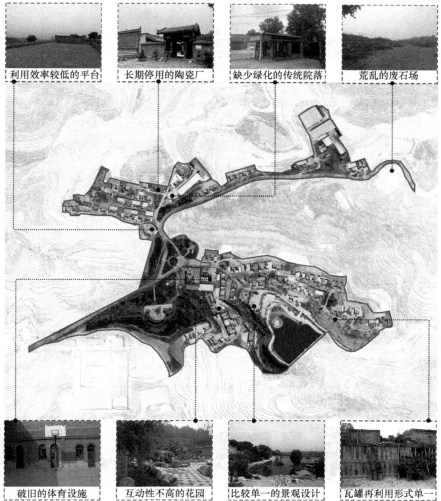

破旧的体育设施	互动性不高的花园	比较单一的景观设计	瓦罐再利用形式单一

3. 空间活力分析

　　通过走访调研，对场地的活力进行分析，从场地中提取出3个最有活力的空间节点，作为规划设计的重点营造对象。形成3个核心区域，更系统地进行规划。

　　活力点1：福台小广场，是北边村落的小入口广场，有许多村民由此经过，但缺少公共设施，如座椅、健身器械等，场地无人停留，造成浪费。

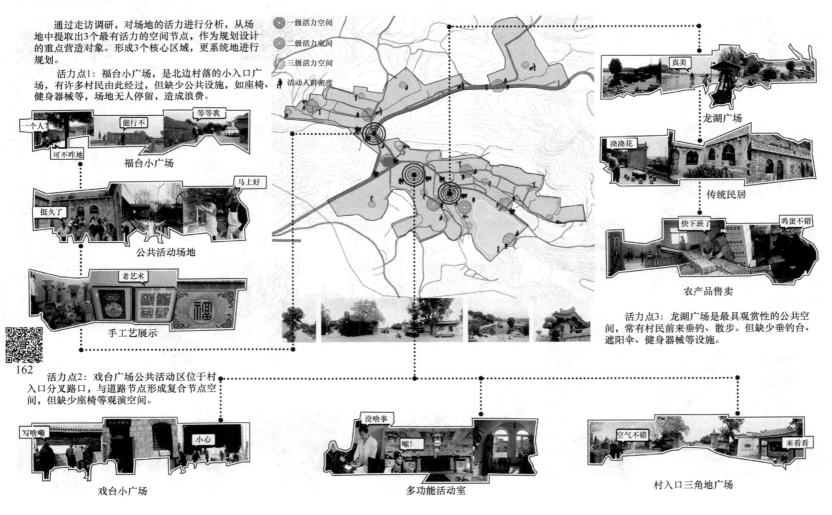

福台小广场

公共活动场地

手工艺展示

龙湖广场

传统民居

农产品售卖

　　活力点3：龙湖广场是最具观赏性的公共空间，常有村民前来垂钓、散步。但缺少垂钓台、遮阳伞、健身器械等设施。

一级活力空间
二级活力空间
三级活力空间
活动人群密度

　　活力点2：戏台广场公共活动区位于村入口分叉路口，与道路节点形成复合节点空间，但缺少座椅等观演空间。

戏台小广场

多功能活动室

村入口三角地广场

4. 步骤设计

1) 提出问题
如何在西岭村打造具有活力的空间？

2) 规划目标
利用活力点改造村庄的现有空间，使公共空间节点更能吸引人流驻足，打造具有人气的特色村庄，同时也是适合老年人居住的理想空间。

3) 改造策略
基于特殊基地背景条件，我们引用了目标管理法——POACT 分析，以获得最佳方案。

(1) P — Problems(问题)：提出规划主要矛盾。

(2) O — Objectives（目标）：规划最终定位。

(3) A — Alternatives(选择方案)：提出相应选择性设计方案。

(4) C — Consequences (结果)：方案的评价。

(5) T — Tradeoffs (平衡点)：评价后选取设计思路。

4) 功能随时间变化分析

(1) 功能的多元复合：功能由单一到复合，功能多样性聚集人气。

(2) 功能的时间复合：功能在时间轴上的交叉复合，保证基地全天候的活力运转。

(3) 功能的渐进更新：功能更新逐步进行，经过更新形成复合多元的城市综合片区。

时间	特色窑洞居民区	村口活动空间	商业空间	村民活动中心	特色景观区
00:00~06:00	村民休息	闲置	闲置	闲置	闲置
06:00~12:00	村民起居	中老年人交往活动	售卖	举行集会活动	游客参观
12:00~18:00	游客观光	中老年人交往活动	售卖	村民娱乐活动	游客参观
18:00~24:00	村民休息	儿童嬉戏	售卖	闲置	村民活动或闲置

5. 改造策略

交流——广场、草地

休闲——廊架、景观节点

玩耍——广场、器械、景观小品

集会——广场、景观小品

散步——广场、园林

活动——广场、景观

3) 公共空间改造策略

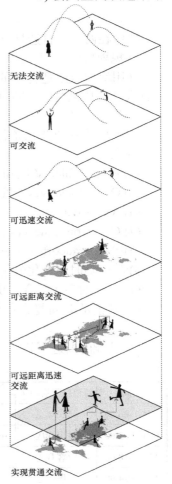

无法交流

可交流

可迅速交流

可远距离交流

可远距离迅速交流

实现贯通交流

1) 业态改造策略

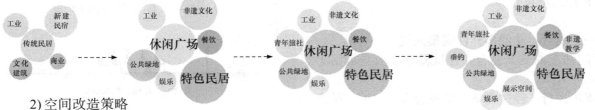

2) 空间改造策略

(1) 院落式建筑使人更有归属感。

(2) 低层建筑具有适宜人生活的尺度优势。

(3) 置入新的空间更方便村民的生活。

(4) 退台式建筑使景观更丰富。

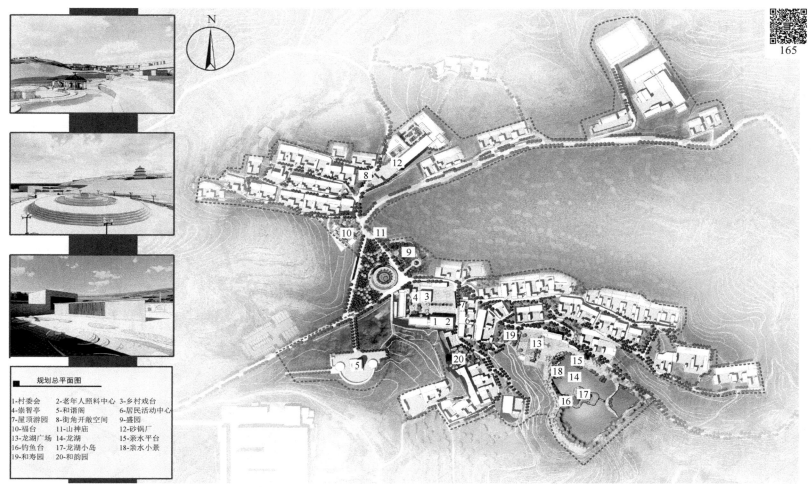

规划总平面图

1-村委会	2-老年人照料中心	3-乡村戏台
4-崇智亭	5-和谐阁	6-居民活动中心
7-屋顶游园	8-街角开敞空间	9-盛园
10-福台	11-山神庙	12-砂锅厂
13-龙湖广场	14-龙湖	15-亲水平台
16-钓鱼台	17-龙湖小岛	18-亲水小景
19-和寿园	20-和韵园	

总平面图

6. 方案规划分析

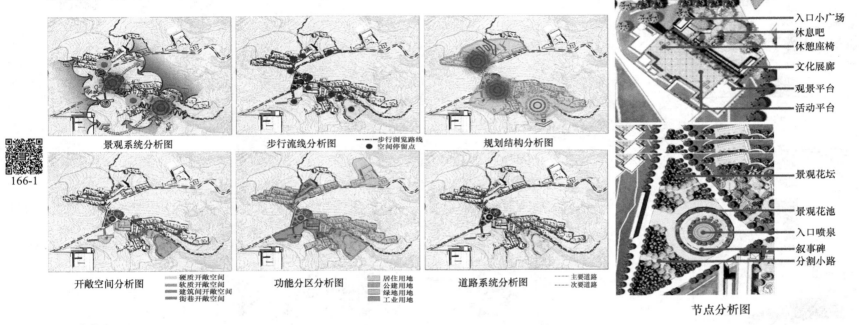

景观系统分析图　　　步行流线分析图　　　- - - 步行浏览路线　　　规划结构分析图
　　　　　　　　　　　　　　　　　　● 空间停留点

开敞空间分析图　　　功能分区分析图　　　道路系统分析图

硬质开敞空间　　　居住用地　　　主要道路
软质开敞空间　　　公建用地　　　次要道路
建筑间开敞空间　　绿地用地
街巷开敞空间　　　工业用地

入口小广场
休息吧
休憩座椅
文化展廊
观景平台
活动平台

景观花坛
景观花池
入口喷泉
叙事碑
分割小路

节点分析图

166-1

7. 既有建筑改造

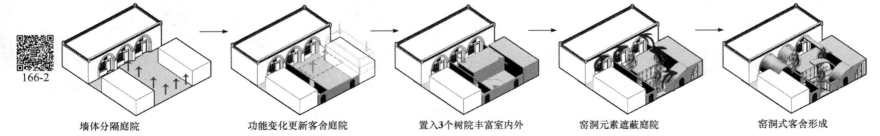

墙体分隔庭院　　　功能变化更新客舍庭院　　　置入3个树院丰富室内外　　　窑洞元素遮蔽庭院　　　窑洞式客舍形成

166-2

现状图

改造意向图

效果图

　　既有建筑改造说明：对于传统窑院的改造，首先对建筑风貌进行修复；其次，将院落一分为二，较小部分留给老人居住，较大部分改造为窑院式客舍，将建筑功能更新的同时，利用扇形空间将院落划分为三个围合院落；最后，将窑洞半圆式屋顶延伸，与院落形成不同的空间层次。示范性改造建筑为传统窑院，原有窑院具有较高的保护价值，但长期受到环境侵蚀，其建筑内外部遭到严重的破坏。由于家庭成员的外出，家中留守老人不能很好的维护传统建筑风貌，院落空间也失去了本地的建筑空间特色。

6.2　锻造——老山东里社区公共小微空间改造项目

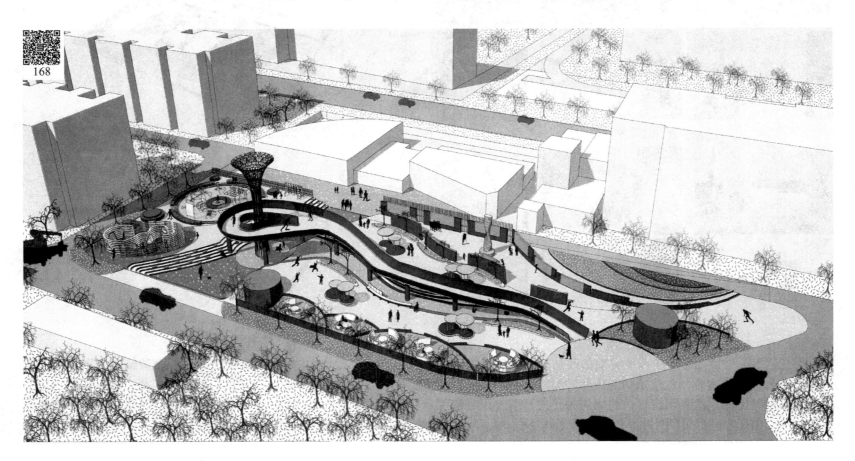

老山东里社区花园广场，场地形似梯形，与社区的环境功能关联紧密。创造可渗透的、便捷的、有活力的元素，在社区中打造蕴含寓意的空间。社区中不同年龄段的人需要不同的使用空间，现状社区中没有足够的老人活动场地以及儿童活动场地，并且幼儿园门外没有足够的等待区域。

本方案利用南北向的轴线加强社区与幼儿园的互动关系，利用东西向的轴线引入社区使用空间。利用 2 个轴线将场地划分 3 个部分，分别为回忆性空间、休闲活动广场和社区运动馆，原有的设备间更新为圆形的建筑并与场地内的多种圆形元素呼应，形成串联互动关系。通过丰富景观绿化，置入工业小品，营造趣味社区公共活动空间。

1. 整体分析

1) 区位分析

基地位于石景山区老山街道，老山东里北社区核心位置，首钢实验幼儿园北侧。

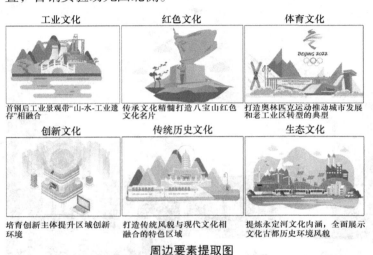

周边要素提取图

2) 人的行为轨迹分析

在这个场地里，不仅要关注整个社区的公共空间体系，也要深入挖掘首钢文化，使基地变成一个既充满活力又充满集体记忆的城市景观社区。场地东侧靠近幼儿园且比较私密，设有供老人和孩子运动的健身器材。场地南侧靠近社区入口，设置展示空间，展现工业文化的回忆，也为外来人群营造首钢文化的体验氛围。

3) 理念提取

4) 人群活动特征

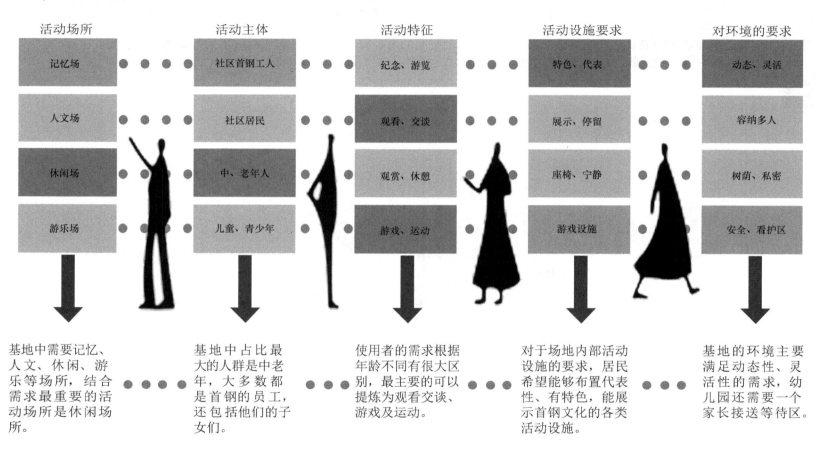

活动场所	活动主体	活动特征	活动设施要求	对环境的要求
记忆场	社区首钢工人	纪念、游览	特色、代表	动态、灵活
人文场	社区居民	观看、交谈	展示、停留	容纳多人
休闲场	中、老年人	观赏、休憩	座椅、宁静	树荫、私密
游乐场	儿童、青少年	游戏、运动	游戏设施	安全、看护区

基地中需要记忆、人文、休闲、游乐等场所，结合需求最重要的活动场所是休闲场所。

基地中占比最大的人群是中老年，大多数都是首钢的员工，还包括他们的子女们。

使用者的需求根据年龄不同有很大区别，最主要的可以提炼为观看交谈、游戏及运动。

对于场地内部活动设施的要求，居民希望能够布置代表性、有特色，能展示首钢文化的各类活动设施。

基地的环境主要满足动态性、灵活性的需求，幼儿园还需要一个家长接送等待区。

　　系统性挖掘首钢精神，梳理区域文化资源，用设计表达地区文化记忆及时间印记，传承居民与首钢的情感联结，提升社区的文化自豪感和认同感，将首钢的文化精神和文化品格融入场地设计中，形成有底蕴、有生命、有未来的社区开放空间。

　　统筹、整合社区的整体公共空间，高效使用，增加活力空间，适度增添儿童游乐设施及适老设施，通过提升景观的观赏性、艺术性和功能性，增加居民的满意度及幸福感。通过丰富和增加空间的内容和层次，提升居民对社区的归属感和自豪感。

　　统筹考虑社区内散布的公共空间，形成社区公共空间体系，既体现多元特色又在功能上相互补充。

设计方案总平面图

1-入口广场；2-入口花坛；3-文化展示墙；4-文化雕塑；5-小花架；6-休息卡座；7-慢行坡道；8-弧形花坛；9-钢架雕塑；10-高差台阶；11-台阶坐垫；12-儿童天地；13-游乐设施

2. 设计过程

1) 场地
位于老山东里社区内部的一块长梯形场地。毗邻南侧的首钢幼儿园，东北角设有地下停车场出入口，场地内部有两处突出地面的设备房与通风间。

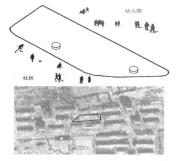

2) 场地的轴线置入
优秀的公共空间是复合的，但不是混乱的。轴线的置入是为了划分并且串联空间场地，外部的因素会影响场地内部的空间关系。

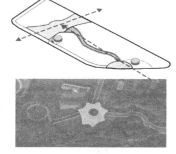

3) 下沉空间的使用
通过下沉空间可以创造出独立的使用空间，与场地外部隔绝。下沉空间的中间营造灰空间，不同的台阶尺度可以提供休憩、交流的场地。

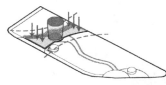

4) 线性平台与垂直空间
利用线性坡道空间营造轴线，不仅可以提供运动、交流的空间，而且可以在垂直空间上创造不同尺度的空间曲线平台，增加功能区间的变化与交流。

5) 休闲活动广场
场地被轴线一分为三，西北侧的场地地势较为平缓，可做大面积的运动娱乐场地，同时，利用弧形平台做交流休憩的座椅。

6) 社区的运动馆
在场地东侧设置运动空间，为小区内的各年龄段人群提供活动空间。

7) 回忆性空间
回忆空间可用作社交、休闲、展览等空间，为特殊的首钢文化提供展示空间，也是居民的集体回忆空间。

8) 方案生成
最终的方案是利用 2 个轴线将场地划分为 3 个部分，分别为回忆性空间、休闲活动广场和社区的运动馆。

3. 使用场景分析

(1) 独特的首钢文化是这片土地不可埋没的历史印记，也是首钢人脑海里的回忆，展示空间给社区居民带来了工业文化的回忆，也为外来人群创造首钢文化的学习机会，多重的工业小品与工业风格的装饰为展示空间提供了良好的体验氛围。

(2) 场地东侧设有供老人或者孩子运动的健身器材，并且设有弧形廊架以供玩耍，弧形的空间及设施不仅增加了玩耍的趣味性，更注重孩子使用的安全性。下沉广场的设置为活动场地提供更多的独立性，核心平台与场地的互动性也得到了加强。

(3) 西北侧的场地地势较为平缓，可做大面积的运动、娱乐场地，利用弧形平台提供交流休憩的座椅，桥式空间下的灰空间可作为交通空间，增加功能区块之间的交流与互动。

6:00AM

　　清早起来，拥抱太阳，让身体充满正能量！早起在广场里遛遛狗，锻炼身体，然后去小区门口的早餐店给闺女买俩包子，喊她起床上学去咯。

10:00AM

　　去楼下逛一逛，看一看今日新闻以及最近的展览，顺便看看新贴的居民通知，小区里这个星期又有啥新鲜事儿？呀！王大伯家的猫丢了，快帮忙找找。

14:00PM

　　吃完午饭小憩一会，去广场上晒晒娃，让娃健康成长。逛累了坐一会，刚好娃的奶奶在休闲区打麻将呢，嘿！又胡了！

15:00PM

　　下午的天气阳光明媚，广场的树叶绿了，花也开了，还有很多熟悉的邻居们，扛上家伙事儿摄影去。咔嚓，给王大爷拍个特写！

16:00PM

　　去幼儿园接娃放学，去早了就在等待区的台阶座椅上坐着等会，坐在这个秋千旁，我娃一出门就能看见我啦！

20:00PM

　　吃完晚饭，全家人出去溜溜食儿，顺着坡道走到最高点，可以看见后边的景观公园,孩子们做游戏,大人们唠家常，真惬意！

4. 可满足的行为轨迹

散步

下棋

娱乐

功能分析图

6.3　屋上廊下——丰台区公共小微空间改造项目

　　厂甸 11 号院老旧小区微空间的品质提升和功能重塑对居民日常生活有极大的影响力。但由于疏于管理存在非机动车乱停放、杂物堆放等问题，居民们缺少小区公共空间。小区内的封闭花坛占去大部分公共空间面积，因此要拆除花坛，再通过微介入的方法，置入一些多功能折廊，满足不同年龄居民休憩、交谈、社区种植、晒太阳等需求，形成一个个活力点；以点连线，形成慢行游廊体系激发社区活力；以线带面，激发重塑社区公共空间活力。北侧群房使用率低下，建筑东西体量较长，室内室外界限分明，联系很弱。设计时，将有活力的折廊与北侧群房连接，注入活力；打碎长条建筑体量，用平台和楼梯进行串联，形成立体化空间，增加丰富的活动空间。

1. 区位分析

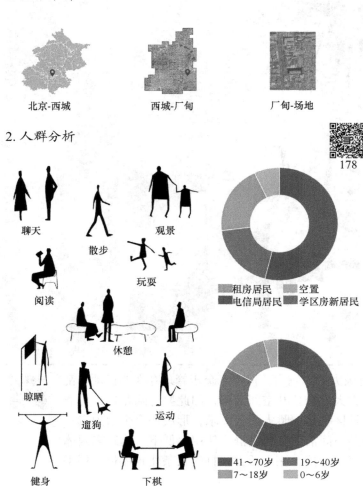

北京-西城　　　　西城-厂甸　　　　厂甸-场地

2. 人群分析

聊天

散步

观景

玩耍

阅读

休憩

瞭晒

遛狗

运动

健身

下棋

租房居民　空置
电信局居民　学区房新居民

41～70岁　19～40岁
7～18岁　0～6岁

3. 历史文化分析

继承和发扬历史文化、厂甸庙会文化，让年轻人和儿童有机会了解历史悠久的传统文化。

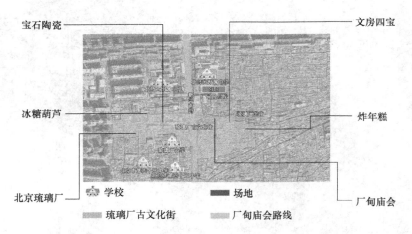

宝石陶瓷　　　　　　　　　　　　文房四宝

冰糖葫芦　　　　　　　　　　　　炸年糕

北京琉璃厂　　学校　　场地

琉璃厂古文化街　　厂甸庙会路线　　厂甸庙会

4. 民意调查

(1) 小李。15 岁，北京师范大学附属中学学生，平日放学回家经常在小区里玩耍、锻炼身体。希望小区有大块活动场地、阅览室和学习空间。

(2) 刘奶奶。85 岁，退休职工，平日经常在小区里晒太阳和聊天，但是小区没有比较好的座椅设施，以前电信局的美好回忆似乎也渐行渐远。

(3) 张大叔。55 岁，附近职工，小区的可活动区域太少了，经常在小区里散步，但是一点趣味都没有，太单调。

(4) 李阿姨。41 岁，附近职工，小区私搭乱建的现象很严重，有一些安全隐患，影响了小区的整体生活品质。

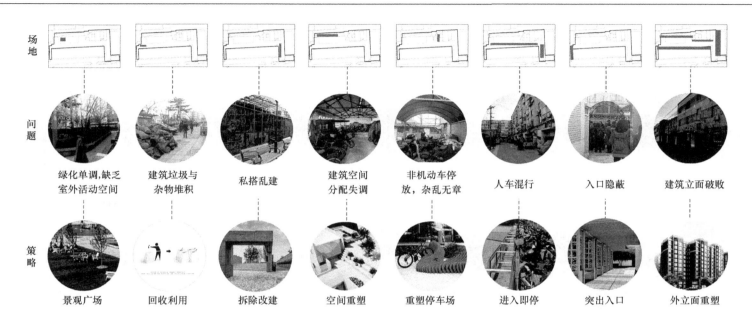

场地	问题	策略
	绿化单调,缺乏室外活动空间	景观广场
	建筑垃圾与杂物堆积	回收利用
	私搭乱建	拆除改建
	建筑空间分配失调	空间重塑
	非机动车停放,杂乱无章	重塑停车场
	人车混行	进入即停
	入口隐蔽	突出入口
	建筑立面破败	外立面重塑

5. 设计思路

　　各个平台遍布着大小不一的屋顶花园、游戏场地、菜园、聚会场地等,室内外活动的界限就此被模糊。折廊围合出了主题草坪和共享空间,使得当地的历史记忆得到传承,同时,创造了可变的弹性空间。

　　年轻人和儿童可以上屋顶体验多样空间,行动不便的老人则在地面场地进行活动,人们可以待在自己喜欢的活动场所里,在有限的空间中创造出多样的环境。

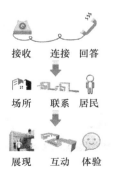

接收　连接　回答

场所　联系　居民

展现　互动　体验

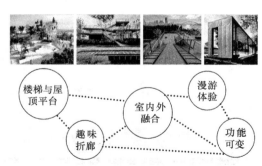

6. 方案生成

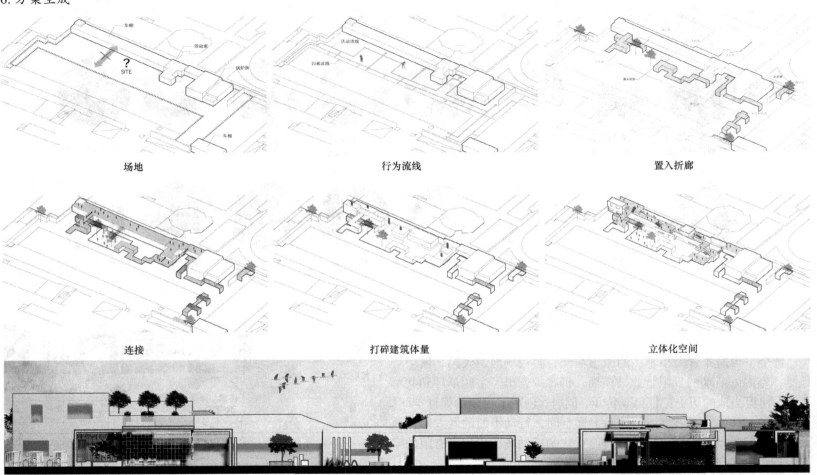

场地

行为流线

置入折廊

连接

打碎建筑体量

立体化空间

立面图

总平面图

1-穿园遇景；2-布告栏；3-自行车停放点；4-共享游廊；5-主题草坪；6-共享空间；7-老年食堂；8-屋顶花园；9-休闲书屋；10-党建活动室；11-音波旱喷；12-历史文化展墙；13-小卖部；14-书画室；15-小花园；16-建筑垃圾堆放点；17-互动趣味墙；18-植物认知园；19-老年代步车停放点

北角鸟瞰图

植物认知园效果图

穿园遇景效果图

屋顶花园效果图

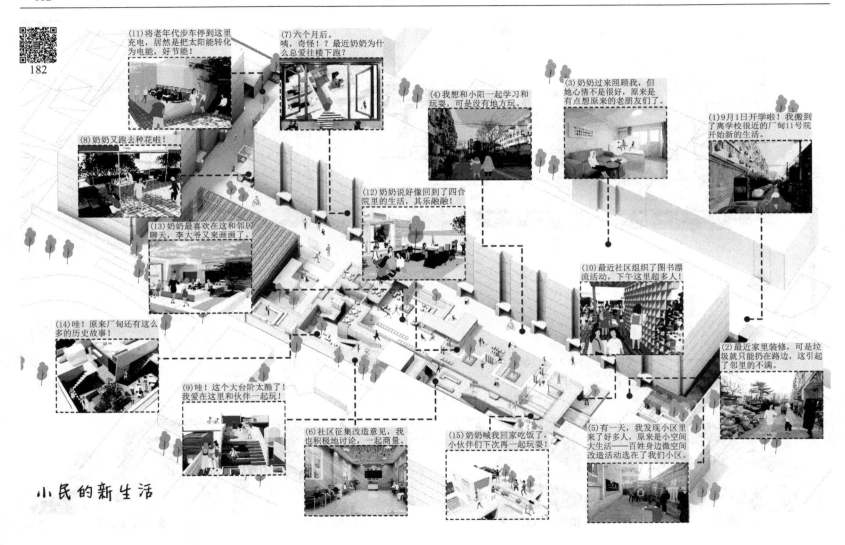

(1) 9月1日开学啦！我搬到了离学校很近的厂甸11号院开始新的生活。

(2) 最近家里装修，可是垃圾就只能扔在路边，这引起了邻里的不满。

(3) 奶奶过来照顾我，但她心情不是很好，原来是有点想原来的老朋友们了。

(4) 我想和小阳一起学习和玩耍，可是没有地方玩。

(5) 有一天，我发现小区里来了好多人，原来是小空间大生活——百姓身边微空间改造活动选在了我们小区。

(6) 社区征集改造意见，我也积极地讨论，一起商量。

(7) 六个月后。咦，奇怪！？最近奶奶为什么总爱往楼下跑？

(8) 奶奶又跑去种花啦！

(9) 哇！这个大台阶太酷了！我爱在这里和伙伴一起玩！

(10) 最近社区组织了图书漂流活动，下午这里超多人！

(11) 将老年代步车停到这里充电，居然是把太阳能转化为电能，好节能！

(12) 奶奶说好像回到了四合院里的生活，其乐融融！

(13) 奶奶最喜欢在这和邻居聊天，李大爷又来画画了。

(14) 哇！原来厂甸还有这么多的历史故事！

(15) 奶奶喊我回家吃饭了，小伙伴们下次再一起玩耍！

小民的新生活

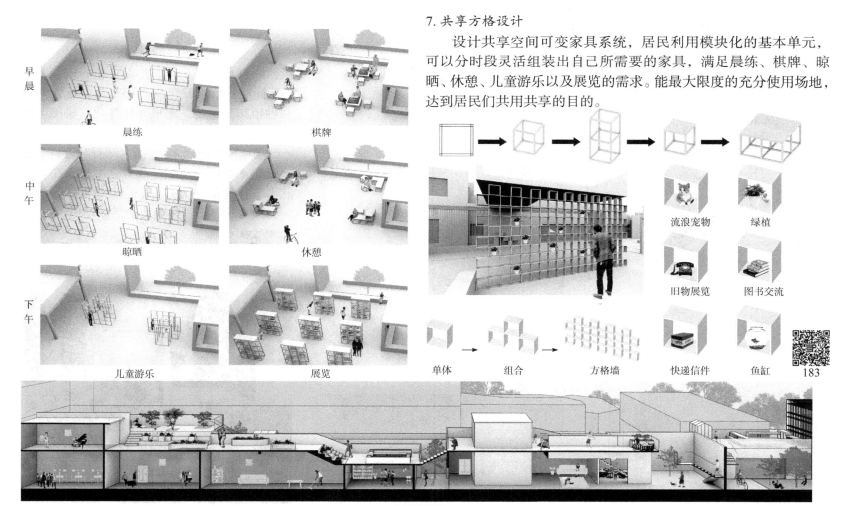

早晨

晨练

棋牌

中午

晾晒

休憩

下午

儿童游乐

展览

7. 共享方格设计

设计共享空间可变家具系统，居民利用模块化的基本单元，可以分时段灵活组装出自己所需要的家具，满足晨练、棋牌、晾晒、休憩、儿童游乐以及展览的需求。能最大限度的充分使用场地，达到居民们共用共享的目的。

流浪宠物　　　绿植

旧物展览　　　图书交流

单体　　　组合　　　方格墙

快递信件　　　鱼缸

183

剖透视图

生态停车架

旱喷泉无水状态

旱喷泉有水状态

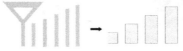

曲线座凳

喷泉效果图　　　　　　　纪念雕塑

8. 主题家具设计

改变原有停车空间位置，设置在室外靠近西入口，实现人与非机动车的分流。

同时，增设绿色生态停车架，放置盆栽和种植爬藤植物，实现立体绿化，居民可以更好地亲近自然。

场地原本没有水景，而人却有亲近自然、亲近山水的原始本能，故置入喷泉。在有水状态下，这里是人们一个玩耍戏水的乐活空间；无水状态下，是大块的活动场地。

效果图

鸟瞰图

6.4 在地营造——柞水森养旅游度假项目

　　柞水森养旅游度假项目位于柞水县营盘镇，场地具有独特的山地地形，场地狭长且有高差，形成自然的山地景观，在设计中可以延续山体景观韵律，使其在虚实相间、错落有致的建筑空间中流动起来。

　　内部的水资源利用价值较高，设计中以水为源，使水成为串联整个环境的要素，最大限度打造和提升水系的景观价值。场地内植被茂密，景观价值较高，并有多处古树遗存，在设计中可利用这些独特的景观条件进行在地性景观营造。

　　此外，场地中还有一处旧建筑遗存，为当地建筑风貌的老旧民居，历史久远，在设计中对其进行改造利用。

1. 基地分析

　　1) 基地位置分析

　　基地位于陕西省南部，隶属陕西省商洛市。气候四季分明，温暖湿润。营盘镇是柞水县的北大门，距西安市仅54km，素有"终南首邑""秦楚咽喉"之称，西康铁路、西柞高速穿境而过。

　　2) 基地资源分析

　　基地自上而下将活水贯穿整个场地，在设计景观时，将水面外露，与路面或建筑重合，使用暗渠过渡。将原有水域面积扩大，并增设露台温泉水元素。

基地位置分析图

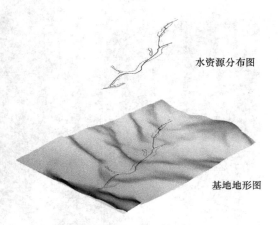

水资源分布图

基地地形图

基地卫星图

基地资源分析图

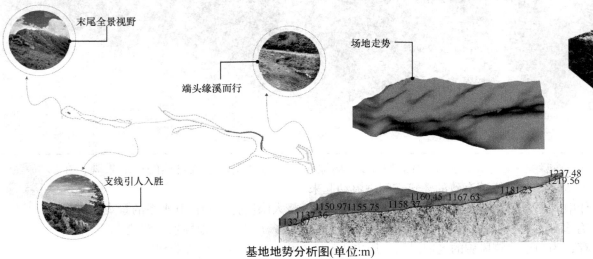

末尾全景视野

端头缘溪而行

支线引人入胜

场地走势

基地地势分析图(单位:m)

1237.48
1219.56
1181.23
1160.45　1167.63
1158.37
1150.97　1155.75
1137.36
1132.87

　　3) 基地地势分析

　　建筑地势逐渐升高，场地内景观层次丰富，移步异景，不同标高对应不同功能的建筑。

2. 设计理念

　　设计时，以酒店式公寓、洋房、院落三大板块为方案核心，满足社区业主的基本生活居住需求，包括居住、办公、餐饮等功能。除基础住宅外，还设置接待中心、林间木屋、温泉酒店、禅意茶舍 4 个配套功能，为短期游玩的人群提供不同的休闲娱乐。

189

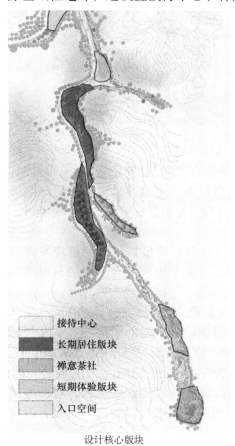
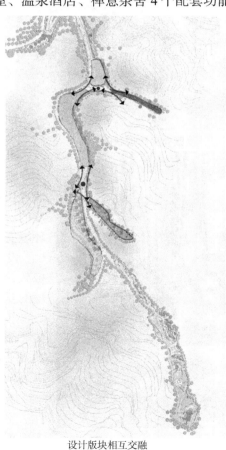
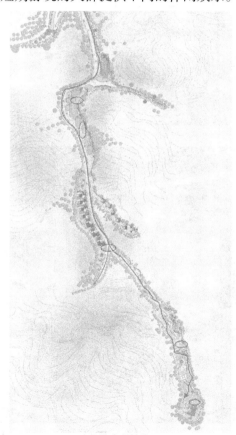

接待中心
长期居住版块
禅意茶社
短期体验版块
入口空间

设计核心版块　　　　　　　　　　　　　设计版块相互交融　　　　　　　　　　　　水文化串联轴线
设计分析图

既有民居现状图

既有民居改造书院意向图

3. 既有民居示范性改造

场地端头有现存民居，建筑质量较差。设计时，遗存民居被改造成香庐书院，坐落于大树环绕形成的树林内，两侧面对山崖石壁，下有小溪经过，环境安逸。

设计时，将整个场地最具特色的景观发挥到极致，在外部设置多个景观平台，增加与自然环境的互动。

书院的建筑面积约 320m²，包含制作间、品茶区、阅读区、国学讲堂及辅助用房等。室外包括观景平台、休闲茶座等。部分房间内设置玻璃屋顶，满足城市人群期待看星星的愿望。

场地端头设置林间攀爬游乐设施，增加趣味性。室外充分利用场地中丰富的自然景观，设置大面积的交流空间。

入口景观

接待中心

员工宿舍

广场

相关节点设计效果图

参 考 文 献

蔡云楠，杨宵节，李冬凌，2017. 城市老旧小区"微改造"的内容与对策研究 [J]. 城市发展研究，24(4)：29-34.

董茜，2007. 从衰落走向再生：旧工业建筑遗产的开发利用 [J]. 城市问题，(10)：44-46，79.

傅温，2014. 建筑工程常用术语详解 [M]. 北京：中国电力出版社.

李勤，2017. 生态理念下宜居住区营建规划 [M]. 北京：科学出版社.

李勤，胡炘，刘怡君，2019. 历史老城区保护传承规划设计 [M]. 北京：冶金工业出版社.

李勤，郭平，2020. 生态宜居村镇社区规划设计 [M]. 武汉：华中科技大学出版社.

李勤，盛金喜，刘怡君，2020. 旧工业厂区绿色重构安全规划 [M]. 北京：中国建筑工业出版社.

李勤，张扬，李文龙，2019. 旧工业建筑再生利用规划设计 [M]. 北京：中国建筑工业出版社.

李志生，张国强，李冬梅，等，2008. 广州地区大型办公类公共建筑能耗调查与分析 [J]. 重庆建筑大学学报，30(5)：112-117.

梁传志，李超，2016. 北京市老旧小区综合改造主要做法与思考 [J]. 建设科技，(9)：20-23.

阮仪三，2000. 历史街区的保护及规划 [J]. 城市规划汇刊，(2)：46-47，50.

史逸，2002. 旧建筑物适应性再利用研究与策略 [D]. 北京：清华大学.

吴良镛，1994. 北京旧城与菊儿胡同 [M]. 北京：中国建筑工业出版社.